电气工程系列丛书

本书由江苏高校品牌专业建设工程资助项目（TAPP，项目负责人：朱锡芳，PPZY2015B129）、常州工学院－“十三五”江苏省重点学科项目－电气工程重点建设学科、2016年度江苏省高校重点实验室建设项目－特种电机研究与应用重点建设实验室资助出版

韩 霞 著

智能非线性

控制技术的应用研究

江苏大学出版社
JIANGSU UNIVERSITY PRESS
镇 江

图书在版编目(CIP)数据

智能非线性控制技术的应用研究 / 韩霞著. — 镇江：江苏大学出版社，2017.12(2018.11 重印)
ISBN 978-7-5684-0698-7

Ⅰ. ①智… Ⅱ. ①韩… Ⅲ. ①智能控制—非线性控制系统—研究 Ⅳ. ①TP273

中国版本图书馆 CIP 数据核字(2017)第 301741 号

智能非线性控制技术的应用研究
Zhineng Feixianxing Kongzhi Jishu De Yingyong Yanjiu

著　　者/韩　霞
责任编辑/吴昌兴
出版发行/江苏大学出版社
地　　址/江苏省镇江市梦溪园巷 30 号(邮编：212003)
电　　话/0511-84446464(传真)
网　　址/http://press.ujs.edu.cn
排　　版/镇江市江东印刷有限责任公司
印　　刷/虎彩印艺股份有限公司
开　　本/890 mm×1 240mm　1/32
印　　张/4.25
字　　数/158 千字
版　　次/2017 年 12 月第 1 版　2018 年 11 月第 2 次印刷
书　　号/ISBN 978-7-5684-0698-7
定　　价/28.00 元

如有印装质量问题请与本社营销部联系(电话：0511-84440882)

前　言

随着科学技术的发展，现代工业系统变得越来越复杂，传统的控制方法已经远远不能满足高标准的性能要求。在此背景下，智能控制理论被提出并逐渐发展起来。模糊逻辑控制和神经网络是智能控制理论中十分活跃的分支，由两者有机结合的模糊神经网络(FNN)是一种能处理抽象信息的网络结构，具有强大的自学习和自整定功能。模糊控制和神经网络对于非线性、模型未知对象的控制往往具有较好的效果。本书对模糊逻辑控制和神经网络在非线性对象中的应用展开研究，主要内容如下。

(1) 自适应模糊控制器在药剂温控系统中的应用研究。药剂温度控制系统具有纯时滞、大惯性、时变不确定性等特点，是工业生产中一类典型的控制对象，传统模糊控制对具有非线性、大时滞、强耦合等特性的被控对象控制效果并不理想。模糊逻辑控制器的设计核心是模糊控制规则和隶属度函数的确定，而传统的模糊逻辑控制器不具备对规则的自修正功能，因此模糊控制规则的自调整和自寻优是提高和改善模糊控制器性能的重要手段。通过构建带加权因子的自适应模糊控制器，根据误差 E 和误差的变化 CE 自动产生控制规则，利用实时修改加权因子 α 来达到修改控制规则的目的。仿真结果表明，带加权因子的自适应模糊控制器的性能优于传统模糊逻辑控制器。

(2) 神经网络 PID 控制器在药剂温控系统中的应用研究。常规的 PID 控制方法对药剂温控系统的控制效果不佳，本书尝试使用神经网络 PID 控制方法，通过 BP 算法对神经网络正模型权值进行调整，设计了神经网络辨识器对控制对象的数学模型进行辨识，降低系统输出温度的超调量，提高控制精度，加快调节过程，以此获得良好的控制效果。

(3) 模糊神经网络(FNN)控制器的优化策略。针对 FNN 控制器一般存在在线调整权值计算量大、训练时间长、过度修正权值可能会导致系统剧烈振荡等缺点，本书提出了两种对 FNN 控制器进行优化的方法:① 在线自学习过程中，仅对控制性能影响大的控制规则所对应的权值进行修正，以减小计算量，加快训练速度。② 根据偏差及偏差变化率大小，基于 T-S 模糊模型动态自适应调节权值修正步长，抑制控制器输出的剧烈变化，避免系统发生剧烈振荡。

(4) 模糊神经网络滑模控制器在倒立摆中的应用。本书充分考虑了 FNN 的特点，将 FNN 和传统控制策略结合起来，设计了两种一类非线性对象的 FNN 自适应控制器:基于模糊基函数网络的间接型自适应控制器和基于 T-S 模糊模型神经网络的直接自适应控制器。本书首先用 FNN 完成对控制系统未知结构或参数的逼近，然后用传统的控制器设计方法进行系统设计，使系统满足一定的性能指标(例如稳定性)，并且在系统设计过程中给出 FNN 参数的学习律，在线完成网络参数的调整。

(5) 本书指出了 FNN 理论及其在复杂系统应用中所存在的问题，并对下一步研究工作进行了展望。

由于作者水平有限，书中难免会有不足之处，敬请广大读者批评指正。

著 者

2017 年 9 月 10 日

目　录

第1章 绪 论

1.1 模糊逻辑控制和人工神经网络

1.1.1 模糊逻辑控制的国内外研究概况

自1965年美国加州大学的Zadeh教授提出模糊集理论和1974英国Mamdani教授首先将模糊逻辑和模糊推理应用于蒸汽机控制以来,模糊逻辑在系统建模和控制上都得到了广泛应用。目前,该理论在以下两方面应用最多也是最成功的:一是工业过程控制,如水厂水质净化控制、地铁车辆运行自动控制、汽车自动变速控制、染色配色系统、超净室恒温恒湿系统、化学反应罐温度控制等。二是模糊家电产品。20世纪80年代,日本开始把模糊技术用于家用电器,在全世界迅速掀起了模糊家用电器热潮。市场上陆续推出了模糊洗衣机、电冰箱、空调器、电烤箱、电饭锅、摄录一体机、电风扇、吸尘器、自动电话、衣物干燥机、自动热水器、电子炉灶等,不胜枚举。模糊控制技术使家用产品智能化程度大大提高,操作更加简便,性能得到改善,同时又有明显的节能效益。

1987年,日立公司将模糊控制技术成功地应用于仙台市地铁,使地铁启动和制动均极为平衡,再无冲撞之感,而且停车误差能精确到10 cm以内,模糊控制技术的知名度和声誉大增。日本就模糊技术的研究开发制订了长远规划,确定了6个重要发展课题。

① 基础研究:研究基本概念,模糊数学理论和方法,以确保应用开发的连续性。

② 模糊电脑:实现模糊信息的电脑处理,包括电脑的构造、逻

辑记忆和存贮等。

③ 机器智能:实现模糊信息处理,使机器能高速地识别和判断模糊信息,包括智能控制、机器人、通信处理和模式识别等。

④ 人机系统:实现人机系统,包括模糊数据库、模糊专家系统和自然语言处理技术。

⑤ 人与社会系统:主要进行复杂的人类行为分析,包括决策支持系统、医疗诊断系统、行为心理透视系统及社会经济模型。

⑥ 自然系统:研究模拟和理解自然现象,包括辨别物理变化和化学变化、判断大气污染状况、进行地震预测和经济系统分析。

由于美国的半导体技术、软件设计和单片机技术等方面具有优势,这为模糊控制技术在军事工程方面的应用打下了基础,并使相关高新科技成为美国 90 年代军事工程中的热点之一。美国已将它用于信息工程、图像识别、人工智能、空间飞行、卫星与导弹的控制等系统,并取得了显著的效果。模糊技术在地震预报、心理学和金融等领域也得到成功的应用。如证券公司应用“模糊”逻辑买卖证券和股票,可以在错综复杂、瞬息万变的市场条件下,像最有经验的行家一样,指导人们何时买入、何时抛出等。从 1995 年到 1997 年,美国的电力部门拨款 120 万美元资助美国电网的模糊神经元网络控制系统的开发。另外,智能汽车高速公路运行系统、金融管理系统研究计划也在实施之中。

我国在模糊控制技术的理论和实践两方面也都有了长足的发展。国家经贸委于 1994 年所立的国家重大技术项目“模糊控制技术的开发与应用”中特别包含了一个子项目——模糊控制技术标准化。这个项目由国家技术监督局标准化司直接承担并负责组织实施,迄今已取得了重大进展。

综上所述,模糊控制是通过归纳操作人员的控制策略,运用语言变量和模糊集合理论构造控制算法的一种控制。模糊控制不依赖被控对象精确的数学模型,只要求把现场操作人员的经验和数据结构总结成较完善的语言控制规则,因此它适用于非线性、时变、滞后系统的控制。

模糊控制的基本思想是把操作人员或专家对特定的被控对象或过程的控制策略总结成一系列以 IF(条件) - THEN(作用)形式表示的控制规则,通过模糊推理得到控制作用。模糊控制算法主要包括:

① 定义模糊变量和模糊子集。

② 基本论域变换为模糊论域。

③ 建立模糊控制规则。

④ 模糊推理合成,求出控制输出模糊子集。

⑤ 进行逆模糊运算,得到精确控制量。

模糊控制与常规控制方法相比主要有以下优点:

① 模糊控制完全是在操作人员控制经验的基础上实现对系统的控制,不依赖被控对象精确数学模型,是解决不确定系统控制的一种有效途径。

② 模糊控制具有较强的鲁棒性,被控对象的参数变化对模糊控制的影响不明显,可用于非线性、时变系统的控制。

③ 控制的机理符合人们对过程控制作用的直观描述和思维逻辑,便于人机智能的结合。

尽管模糊控制和模糊建模方法在实际应用中取得了很大发展,但仍然存在许多问题,模糊控制的主要缺点是:

① 模糊控制的核心是模糊规则库,建立复杂系统完善的模糊控制规则和隶属函数是非常困难的。

② 模糊控制的规则库往往非常庞大,难以找出规则与规则之间的关系。

信息简单的模糊处理将导致系统控制精度降低和动态品质变差,通常采用增加量化级数来提高控制精度,从而导致规则搜索范围扩大,降低决策速度,甚至不能进行实时控制。另外,模糊规则库一旦建立,很难进行修改,即很难实现规则的自学习和自适应。

③ 模糊逻辑控制器的设计缺乏系统性,且论域的选择、模糊集的定义、量化因子的选取等多采用试凑法,从而复杂系统的模糊控制器设计通常非常困难。

目前,模糊控制理论的研究方向主要有以下 3 个方面:

① 如何将常规控制理论和概念推广到模糊控制系统。

② 如何将模糊逻辑与神经网络相结合,以使模糊控制器具有自学习功能。

③ 模糊建模与辨识、模糊最优控制、模糊自组织控制、模糊自适应控制及传统 PID 与模糊控制相结合的多模态模糊控制器等。

1.1.2 人工神经网络的国内外研究概况

神经网络的研究始于 20 世纪 40 年代,心理学家 Mcculloch 和数学家 Pitts 合作提出了兴奋与抑制神经元模型,Hebb 提出了神经元连接强度修改规则,他们的研究成果至今仍是许多神经网络模型研究的基础。五六十年代,神经网络研究的代表作是 Rosenblatt 的感知机。1969 年,Minsky 和 Papert 合作出版了颇有影响的 *Perceptron* 一书,得出了消极悲观的论点。70 年代,人工神经网络的研究处于低潮。1982 年,英国物理学家 J. J. Hopfield 提出了一种全连接神经网络——Hopfield 网络模型,并成功解决了复杂系统的非线性寻优问题。1986 年,D. E. Romelhart 和 J. L. Mcclelland 等人提出了多层前馈网络的反向传播算法(Back - Propagation),也称 BP 算法,该算法成为最成功的神经网络学习算法,极大地促进了神经网络的应用和发展。1988 年,Broomhead 等人首次将径向基函数(RBF)应用于网络设计,从而构成了 RBF 神经网络。Hopfield 等人在神经网络领域取得的这些突破性进展,再次掀起了研究神经网络的研究热潮。从人脑的生理结构出发来研究人的智能行为,模拟人脑信息处理的功能,是人工神经网络的研究目的。它虽然反映了人脑功能的基本特性,但远不是自然神经网络的逼真描写,而只是它的某种简化抽象和模拟。

目前神经网络已在许多领域得到了广泛的应用,人工神经网络的以下突出优点引起了人们的极大关注:

① 可以充分逼近任意复杂的非线性关系。

② 所有定量或定性的信息都等势分布并贮存于各神经元,故有很强的鲁棒性和容错性。

③ 采用并行分布处理方法，使得快速进行大量运算成为可能。

④ 可学习和自适应模型未知或不确定的系统。

⑤ 能够同时处理定量、定性知识。

神经网络在控制中的应用是一个非常活跃的研究领域，但是神经网络研究的理论体系尚不完善，还存在许多问题需要解决：

① 由于神经网络的高度非线性，使得整个控制系统从数学上进行稳定性与收敛性的证明仍比较困难，需要寻求有效的分析手段。

② 由于神经网络的学习速度一般都比较慢，学习时间长，容易陷于局部极小。为满足实时控制的要求，必须研究快速的学习算法。

③ 神经网络尚缺乏系统化的设计方法。

④ 缺乏比较适合控制系统的网络结构和灵活的智能神经元。

1.2 模糊神经网络

1.2.1 模糊神经网络的发展和现状

模糊控制不依赖被控对象精确的数学模型，而是根据人工控制规则组织控制决策表，然后由控制决策表决定控制量的大小。但是建立复杂系统的控制规则是比较困难的，即使建立起了控制规则，由于工业被控对象的参数通常具有时变性，所以控制效果常常不能令人满意。

神经网络可以逼近任意复杂的非线性关系，并具有强大的学习能力、记忆能力、计算能力，在不同程度和层次上模仿人脑神经系统的信息处理、存储和检索功能，但是神经网络结构一般比较复杂，网络训练计算量大，现有学习算法的收敛速度低，而且网络设计缺乏理论指导。

1993 年 Jang 在文献中提出了基于网络结构的模糊推理的概念，并设计了网络结构模型，这种网络结构便是模糊神经网络（FNN）的雏形。之后，研究人员设计了多种 FNN 结构和学习算法。例如,将 Mamdani 模糊模型和多层前向网络(BP 网)相结合,构成标准型 FNN,这种网络结构简单,物理意义明确。王立新证明了该网络的万能逼近能力,使该网络在系统控制和辨识上都得到了广泛应用。将 T-S 模糊模型与多层前向网络结合构成的 T-S 型 FNN 在系统建模上有特殊的优势。结合 RBF 网络结构和特点,王立新提出了模糊基函数的概念,建立了模糊基函数网络模型。这种网络模型类似于 RBF 网络,网络输出与可调参数之间是线性关系,简化了参数的学习过程,实时性强。本书将在第 6 章对此进行详细介绍。

尽管各种 FNN 的结构和学习算法各具千秋,但是它们都有一个共同特点,即能有效利用语言信息又具有强大的自学习和自适应能力,并且网络参数具有较为明确的物理意义,有助于对实际系统的理解和分析。

目前 FNN 的研究热点有:

① 当对象未知或对象过于复杂而无法建立精确的模型时,如何利用 FNN 来辨识模型。这种方法需要较多的数据,运算效率比较低,还有待优化。

② 如何利用神经网络来自动生成模糊规则、隶属函数等。

③ 如何利用合适的算法对网络进行训练,提高运算效率。

④ 如何根据特定问题来确定网络的拓扑结构及函数逼近形式。

1.2.2 模糊神经网络的应用及存在的问题

1993 年,FNN 概念的提出引起了许多研究者的关注,并很快便成为智能控制研究领域的一个十分活跃的分支。目前,FNN 主要用于复杂系统的辨识、建模及控制。

1. FNN 在复杂系统辨识中的应用

与神经网络一样,FNN 是一种本质非线性模型,易于表达非线性系统动态特性,而且理论上已经证明了 FNN 可以作为万能逼近器,可以以任意精度逼近连续非线性系统,因此 FNN 建模和辨识方法被认为是复杂系统辨识的一种可行的方法。

2. FNN 在复杂系统控制中的应用

下面给出几种典型的 FNN 控制方案。

(1) FNN 监督控制

对某些复杂系统,采用传统的控制器很难实现对其良好的控制,而操作人员却能很好地控制系统。在这种情况下,可以考虑采用 FNN 控制器代替人工控制。这种通过对人工或传统控制器进行学习,然后用 FNN 控制取代或逐渐取代原控制的方法,称为 FNN 监督控制,系统结构如图 1-1 所示。

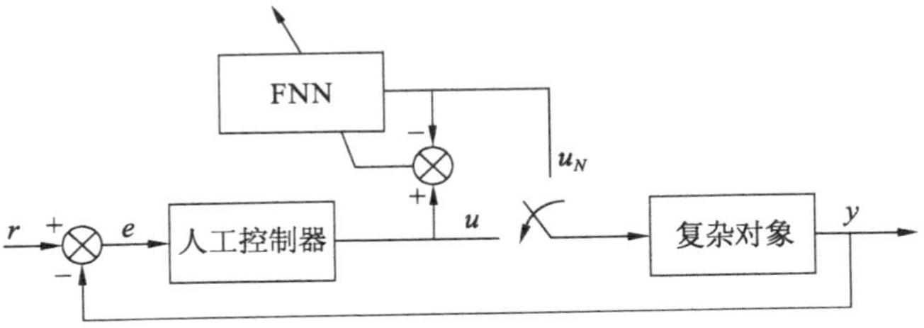

图 1-1 FNN 监督控制结构图

(2) FNN 复合控制器

将 FNN 控制策略与其他控制策略(例如,PID 控制、最优控制、滑模变结构控制等)相结合,构成 FNN 复合控制器(见图 1-2)。这种控制器可以充分利用常规控制策略成熟的设计方法,还可以利用 FNN 来智能补偿。

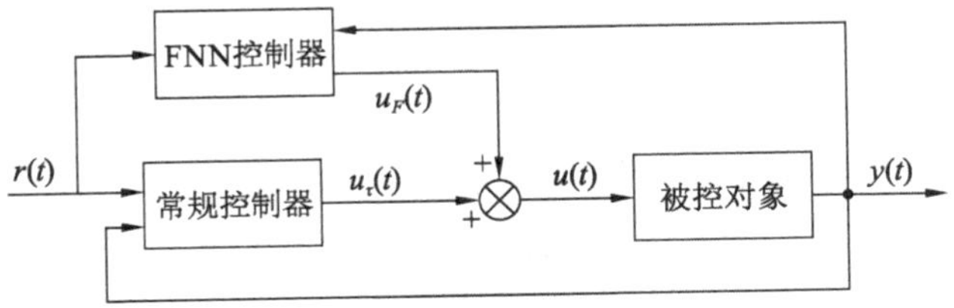

图 1-2 FNN 复合控制器结构图

3. FNN 存在的问题

虽然 FNN 在复杂系统控制和建模等应用中已取得了很大的成功,但是作为一门新技术,它在理论和应用中仍然存在一些问题:

① 有关网络中包含的模糊知识的获取方法。从众多纷繁复杂的规则中选取若干能有效反映对象特性的模糊规则仍然没有一个通用、有效的方法。

② 存在模型复杂性与模型泛化能力之间的矛盾，即 FNN 的结构优化问题还远没有解决。

③ FNN 控制系统的稳定性分析还处于起步阶段。

④ FNN 模型结构的确定，网络中模糊化层和模糊推理层节点个数的选取及模糊合成和推理算法的选取及反模糊化问题的计算方法等，至今在理论界还存在争议。

⑤ 如何将 FNN 与传统控制策略有效地结合是目前亟待解决的问题。

1.3 本书的研究内容

随着科学技术的发展，现代工业系统变得越来越复杂，传统的控制方法已经远远不能满足高标准的性能要求。在此背景下，智能控制理论被提出并逐渐发展起来。模糊逻辑控制和神经网络是智能控制理论中十分活跃的分支，由两者有机结合的模糊神经网络(FNN)是一种能处理抽象信息的网络结构，具有强大的自学习和自整定功能。模糊控制和神经网络对于非线性、模型未知对象的控制往往具有较好的效果。本书对模糊逻辑控制和神经网络在非线性对象中的应用展开研究，主要内容如下：

(1) 自适应模糊控制器在药剂温控系统中的应用研究。药剂温度控制系统具有纯时滞、大惯性、时变不确定性等特点，是工业生产中一类典型的控制对象，传统模糊控制对具有非线性、大时滞、强耦合等特性的被控对象控制效果并不理想。模糊逻辑控制器的设计核心是模糊控制规则和隶属度函数的确定，而传统的模糊逻辑控制器不具备对规则的自修正功能，因此模糊控制规则的自调整和自寻优是提高和改善模糊控制器性能的重要手段。通过构建带加权因子的自适应模糊控制器，根据误差 E 和误差的变化

CE 自动产生控制规则,利用实时修改加权因子 α 来达到修改控制规则的目的。仿真结果表明,带加权因子的自适应模糊控制器的性能优于传统模糊逻辑控制器。

(2) 神经网络 PID 控制器在药剂温控系统中的应用研究。常规的 PID 控制方法对药剂温控系统的控制效果不佳,本书尝试使用神经网络 PID 控制方法,通过 BP 算法对神经网络正模型权值进行调整,设计了神经网络辨识器对控制对象的数学模型进行辨识,降低系统输出温度的超调量,提高控制精度,加快调节过程,以此获得良好的控制效果。

(3) 模糊神经网络(FNN)控制器的优化策略。针对 FNN 控制器一般存在在线调整权值计算量大、训练时间长、过度修正权值可能会导致系统剧烈振荡等缺点,本书提出了两种对 FNN 控制器进行优化的方法:① 在线自学习过程中,仅对控制性能影响大的控制规则所对应的权值进行修正,以减小计算量,加快训练速度。② 根据偏差及偏差变化率大小,基于 T-S 模糊模型动态自适应调节权值修正步长,抑制控制器输出的剧烈变化,避免系统发生剧烈振荡。

(4) 模糊神经网络滑模控制器在倒立摆中的应用。本书充分考虑了 FNN 的特点,将 FNN 和传统控制策略结合起来,设计了两种一类非线性对象的 FNN 自适应控制器:基于模糊基函数网络的间接型自适应控制器和基于 T-S 模糊模型神经网络的直接自适应控制器。本书首先用 FNN 完成对控制系统未知结构或参数的逼近,然后用传统的控制器设计方法进行系统设计,使系统满足一定的性能指标(例如稳定性),并且在系统设计过程中给出 FNN 参数的学习律,在线完成网络参数的调整。

(5) 最后,指出了 FNN 理论及其在复杂系统应用中所存在的问题,并对下一步研究工作进行展望。

第 2 章　模糊控制系统的工作原理

2.1　概　述

在实际生产过程中，人们发现有经验的操作人员虽然不懂被控对象或被控过程的数学模型，却能凭借经验采取相应的决策，很好地完成控制工作。这里，人的经验可以用一系列具有模糊性的语言来表述，这就是模糊条件语句；再用模糊逻辑推理对系统的实时输入状态观测量进行处理，则可以产生相应的控制决策，这就是模糊控制。

模糊控制能避开对象的数学模型（如状态方程或传递函数等），它力图对人们关于某个控制问题的成功与失败的经验进行加工，总结出知识，从中提炼出控制规则，用一系列多维模糊条件语句构造系统的模糊语言变量模型，应用 CRI 等各类模糊推理方法，可以得到适合控制要求的控制量，可以说模糊控制器是一种语言变量的控制器。

由于一个模糊概念可以用一个模糊集合来表示，因此模糊概念的确定问题就可以直接转换为模糊隶属度函数的求取问题。因此，对于一类缺乏精确数学模型的控制对象，可以用模糊集合的理论，总结人对系统的操作和控制的经验，再用模糊条件语句写出控制规则，也能设计出比较理想的控制系统。模糊控制系统的原理框图如图 2-1 所示。可以看出，其结构与一般计算机数字控制系统基本类似，只是它的控制器为模糊控制器（图中虚线框的部分）。

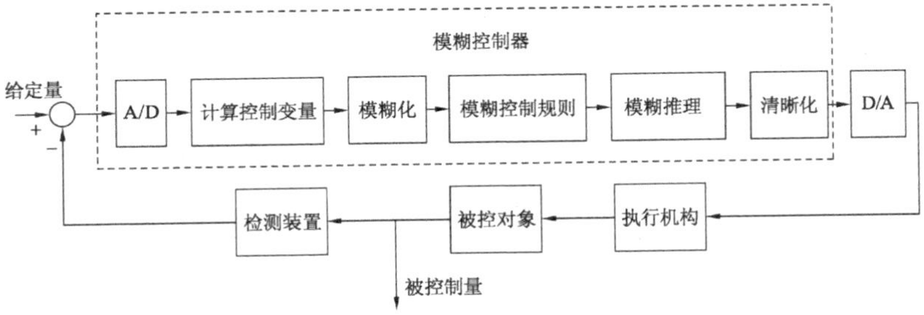

图 2-1　模糊控制系统的原理框图

2.2　模糊控制系统的组成

模糊控制系统由以下几部分组成：输入输出接口、执行机构、检测装置、被控对象及模糊控制器。

1. 输入输出接口

输入输出接口是实现模糊控制算法的控制系统连接的桥梁。输入接口主要与检测装置连接，把检测信号转换为计算机所能识别处理的数字信号并输入给计算机。输出接口把计算机输出的数字信号转换为执行机构所要求的信号。因此输入输出接口常常是模数转换电路（A/D）和数模转换电路（D/A）。

2. 执行机构

执行机构是模糊控制器向被控对象施加控制作用的装置，如工业过程控制中应用最普遍、最典型的各种调节阀。执行机构实现的控制作用常常表现为使角度、位置发生变化，因此它往往是由伺服电动机、步进电动机、气动调节阀、液压阀等加上驱动装置所组成。

3. 检测装置

检测装置一般包括传感器和变送装置。此类装置常用于检测各种非电量，如温度、流量、压力、液位、转速、角度、浓度、成分等，并变换放大为标准的电信号（包括模拟的或数字的形式）。检测装置的精度级别应该高于系统的精度控制指标，这在模糊控制系统中同样适用。但是，一般认为在以高精度为目标的控制系统中不宜采用模糊控制方案，因此在模糊控制系统中检测装置的精度应视具体控制指标的要求具体确定。

4. 被控对象

工业上典型的被控对象是各种各样的生产设备实现的生产过程，它们可能是物理过程、化学过程或是生物化学过程。从数学模型的角度讲，它们可能是单变量或多变量，可能是线性的或非线性的，可能是定常的或时变的，可能是一阶的或高阶的，可能是确定性的或是随机过程，当然也可能是混合多种特性的过程。正如前文所述，针对不少难以建立精确数学模型的复杂对象、非线性对象和时变对象，模糊控制策略是较为适宜的一种方案。

5. 模糊控制器

模糊控制器是模糊控制系统的核心，也是模糊控制系统区别于其他自动控制系统的主要标志。模糊控制器一般由计算机实现，用计算机程序和硬件实现模糊控制算法，计算机可以是单片机、PC、工业控制机等各种类型的微型计算机，程序设计语言可以是汇编语言、C 语言及其他各种语言。现在也有一些模糊芯片实现模糊逻辑推理算法，成为模糊控制器的重要组成部分。

模糊控制器的控制规律由计算机的程序实现，其实现过程如下：计算机经中断采样获取被控制量的精确值，然后将此量与给定值比较得到误差信号 e；一般选误差信号 e 作为模糊控制的一个输入量，把误差信号 e 的精确量进行模糊化变成模糊量；误差 e 的模糊量可以用相应的模糊语言表示，形成模糊语言集合的一个子集 $\underset{\sim}{e}$；再由 $\underset{\sim}{e}$ 和模糊控制规则 $\underset{\sim}{R}$（模糊关系）根据模糊推理的合成规则进行模糊决策，得到模糊控制量 $\underset{\sim}{u}$，即

$$\underset{\sim}{u} = \underset{\sim}{e} \circ \underset{\sim}{R} \tag{2-1}$$

为了对被控对象施加精确的控制，还需要将模糊量转换为精确量，这一步称为清晰化。得到了精确的数字控制量后，经数模转换变为精确的模拟量送给执行机构，对被控对象进行第一步控制。然后，中断等待第二次采样，进行第二步控制……如此循环下去，就实现了对被控对象的模糊控制。

2.3　模糊控制器的基本结构和组成

模糊控制器的基本结构如图 2-2 所示。

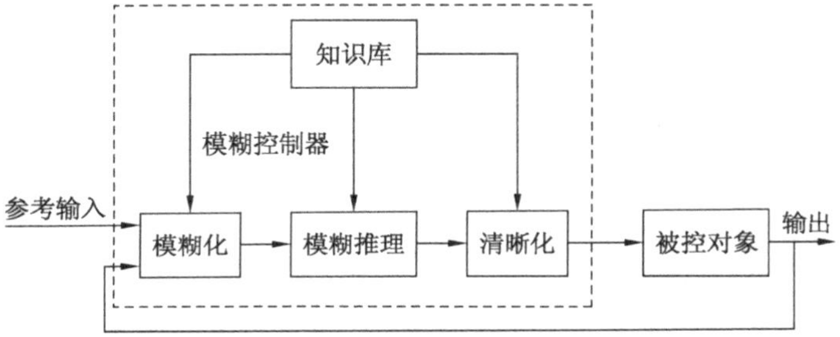

图 2-2　模糊控制器的结构图

模糊控制器主要由以下 4 部分组成。

1. 模糊化

这部分的作用是将输入的精确量转换成模糊化量，其中，输入量包括外界的参考输入系统的输出或状态等。通常将模糊控制器输入变量的个数称为模糊控制的维数。从理论上讲，模糊控制的维数越高，控制越精细。但是维数过高，模糊控制规则将变得过于复杂，控制算法的实现相当困难。所以现在广泛应用的是二维的模糊控制器，其结构形式如图 2-3 所示。

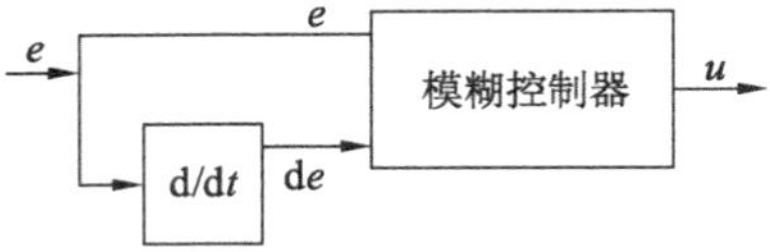

图 2-3　二维模糊控制器

模糊化的具体过程如下：

（1）首先对这些输入量进行处理，以变成模糊控制器要求的输入量。例如，常见的情况是计算 $e = r - y$，$\dot{e} = de/dt$，式中，r 表示参考输入，y 表示系统输出，e 表示误差。有时为了减小噪声的影响，常常对$\dot{e}$进行滤波后再使用，例如可取$\dot{e}=\left(\frac{s}{Ts+1}\right)e$

（2）将上述已经处理过的输入量进行尺度变换，使其变换到各自的论域范围。变换的方法可以是线性的，也可以是非线性的。例如，若实际的输入量为x_0^*，其变化范围为$[x_{\min}^*, x_{\max}^*]$，若要求的论域为$[x_{\min}, x_{\max}]$，且采用线性变换，则

$$x_0=\frac{x_{\min}+x_{\max}}{2}+k\left(x_0^*-\frac{x_{\max}^*+x_{\min}^*}{2}\right) \tag{2-2}$$

$$k=\frac{x_{\max}-x_{\min}}{x_{\max}^*-x_{\min}^*} \tag{2-3}$$

式中，k称为比例因子。

论域可以是连续的也可以是离散的。如果要求离散的论域，则需要将连续的论域离散化或量化。量化可以是均匀的，也可以是非均匀的。表2-1和表2-2中分别表示均匀量化和非均匀量化的情形。

模糊控制规则中前提的语言变量构成模糊输入空间，结论的语言变量构成模糊输出空间。每个语言变量的取值为一组模糊语言名称，它们构成了语言名称的集合。每个模糊语言名称对应一个模糊集合。对于每个语言变量，其取值的模糊集合具有相同的论域。模糊分割是要确定对于每个语言变量取值的模糊语言名称的个数，模糊分割的个数决定了模糊控制精细化的程度。这些语言名称通常均具有一定的含义。如NB：负大（Negative Big）；NM：负中（Negative Medium）；NS：负小（Negative Small）；ZE：零（Zero）；PS：正小（Positive Small）；PM：正中（Positive Medium）；PB：正大（Positive Big）。图2-4表示了两个模糊分割的例子，论域均为$[-1,1]$，隶属度函数的形状为三角形或梯形。图2-4(a)所示为模糊分割较粗的情况，图2-4(b)为模糊分割较细的情况。图中所示的论域为正则化（normalization）的情况，即$x\in[-1,1]$，且模糊分割是完全对称的。这里假设尺度变换时已经做了预处理而变换成这种标准情况。一般情况，模糊语言名称也可以为非对称非均匀。

表 2-1　均匀量化

量化等级	-6	-5	-4	-3	-2	-1	0
变化范围	(-∞, -5.5]	(-5.5, -4.5]	(-4.5, -3.5]	(-3.5, -2.5]	(-2.5, -1.5]	(-1.5, -0.5]	(-0.5, 0.5]
量化等级	1	2	3	4	5	6	
变化范围	(0.5, 1.5]	(1.5, 2.5]	(2.5, 3.5]	(3.5, 4.5]	(4.5, 5.5]	(5.5, +∞)	

表 2-2　非均匀量化

量化等级	-6	-5	-4	-3	-2	-1	0
变化范围	(-∞, -3.2]	(-3.2, -1.6]	(-1.6, -0.8]	(-0.8, -0.4]	(-0.4, -0.2]	(-0.2, -0.1]	(-0.1, 0.1]
量化等级	1	2	3	4	5	6	
变化范围	(0.1, 0.2]	(0.2, 0.4]	(0.4, 0.8]	(0.8, 1.6]	(1.6, 3.2]	(3.2, +∞)	

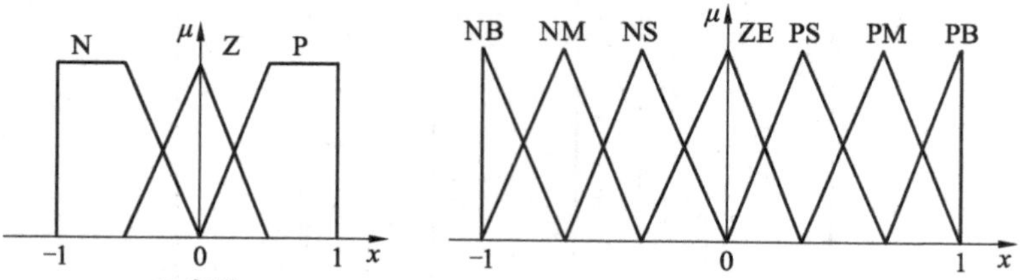

(a) 粗分　　(b) 细分

图 2-4　模糊分割的图形表示

模糊分割的个数也决定了最大可能的模糊规则的个数。如对于两输入单输出的模糊系统，x 和 y 的模糊分割数分别为 3 和 7，则最大可能的规则数为 $3\times7=21$。可见，模糊分割数越多，控制规则数也越多，所以模糊分割不可太细，否则需要确定太多的控制规则，这也是很困难的一件事。当然，模糊分割数太小将导致控制太粗略，难以对控制性能进行精心的调整。目前尚没有一个确定模糊分割数的指导性的方法和步骤，仍主要依靠经验和试凑。

(3) 将已经变换到论域范围的输入量进行模糊处理，使原先精确的输入量变成模糊量，并用相应的模糊集合来表示。模糊控制器的设计中一般是将误差、误差变化和误差变化的速度作为输入量。而控制器输出(决策)选择为对执行器件调节量的修正值，或称为控制量的变化。在模糊控制中主要采用以下两种模糊化方法：

① 单点模糊集合。

如果输入量数据 x_0 是准确的，则通常将其模糊化为单点模糊集合。设该模糊集合用 A 表示，则有

$$\mu_A(x)=\begin{cases}1, & x=x_0\\0, & x\neq x_0\end{cases} \tag{2-4}$$

其隶属度函数如图 2-5 所示。

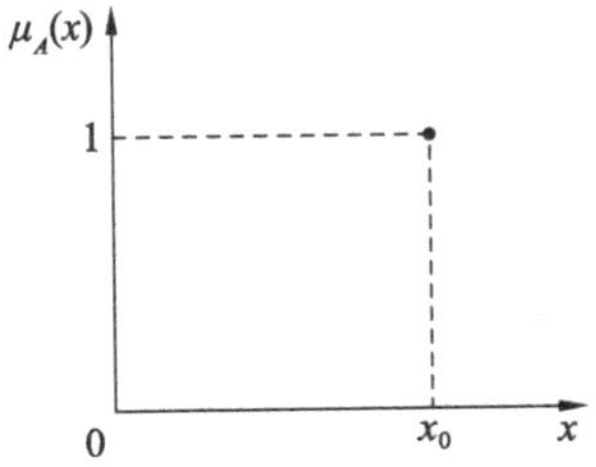

图 2-5　单点模糊集合的隶属度函数

这种模糊化方法只是形式上将清晰量转变成了模糊量，而实质上它表示的仍是准确量。在模糊控制中，当测量数据准确时，采用这样的模糊化方法是十分自然和合理的。

② 三角形模糊集合。

如果输入量数据存在随机测量噪音，这时模糊化运算相当于将随机量变换为模糊量。对于这种情况，可以取模糊量的隶属度函数为等腰三角形，如图 2-6 所示。三角形的顶点相应于随机数的均值，底边的长度等于 2σ（σ 表示该随机数据的标准差）。隶属度函数取为三角形主要是考虑其表示方便，计算简单。另一种常用的方法是取隶属度函数为铃形函数，即

$$\mu_A(x)=e^{-\frac{(x-x_0)^2}{2\sigma^2}} \tag{2-5}$$

它也是正态分布的函数。

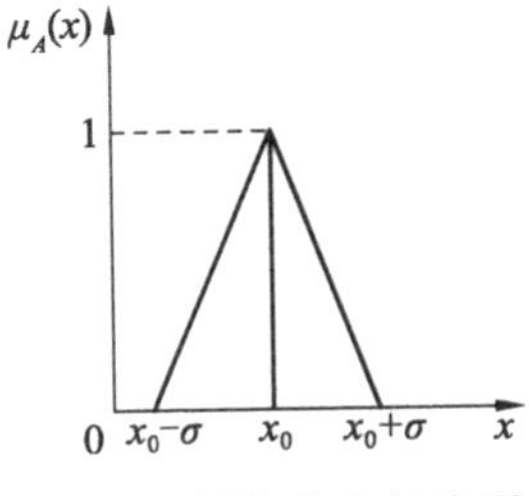

图 2-6　三角形模糊集合的隶属度函数

2. 知识库

知识库中包含了具体应用领域中的知识和要求的控制目标。它通常由数据库和模糊控制规则库两部分组成。

（1）数据库主要包括各种语言变量的隶属度函数，尺度变换因子及模糊空间的分级数等。模糊集合的隶属度函数根据论域为离散和连续的不同情况，隶属度函数的描述也有如下两种方法。

① 数值描述方法。

对于论域为离散，且元素个数为有限时，模糊集合的隶属度函数可以用向量或者表格的形式来表示。表 2-3 给出了用表格形式表示的一个例子。

表 2-3　数值方法描述的隶属度

模糊集合	元素												
	-6	-5	-4	-3	-2	-1	0	1	2	3	4	5	6
NB	1.0	0.7	0.3	0.0	0.0	0.0	0.0	0.0	0.0	0.0	0.0	0.0	0.0
NM	0.3	0.7	1.0	0.7	0.3	0.0	0.0	0.0	0.0	0.0	0.0	0.0	0.0
NS	0.0	0.0	0.3	0.7	1.0	0.7	0.3	0.0	0.0	0.0	0.0	0.0	0.0
ZE	0.0	0.0	0.0	0.0	0.3	0.7	1.0	0.7	0.3	0.0	0.0	0.0	0.0
PS	0.0	0.0	0.0	0.0	0.0	0.0	0.3	0.7	1.0	0.7	0.3	0.0	0.0
PM	0.0	0.0	0.0	0.0	0.0	0.0	0.0	0.0	0.3	0.7	1.0	0.7	0.3
PB	0.0	0.0	0.0	0.0	0.0	0.0	0.0	0.0	0.0	0.0	0.3	0.7	1.0

在上面的表格中，每一行表示一个模糊集合的隶属度函数。

② 函数描述方法。

对于论域为连续的情况，隶属度常常用函数的形式来描述，最常见的有铃形函数、三角形函数、梯形函数等。

隶属度函数的形状对模糊控制器的性能有很大影响。当隶属度函数比较“窄瘦”时，控制较灵敏；反之，控制较粗略和平稳。通常，当误差较小时，隶属度函数可取得较为“窄瘦”；误差较大时，隶属度函数可取得“宽胖”些。

（2）规则库包括了用模糊语言变量表示的一系列控制规则。它们反映了控制专家的经验和知识。模糊控制规则库是由一系列“IF－THEN”型的模糊条件句构成的。条件句的前件为输入和状态，后件为控制变量。

模糊控制规则的前件和后件变量也即模糊控制器的输入和输

出的语言变量。输出量即为控制量，一般比较容易确定。输入量选什么及选几个则需要根据要求来确定。输入量比较常见的是误差 e 和它的导数 $\dot{e}$ 等。输入和输出语言变量的选择及其隶属度函数的确定对于模糊控制器的性能有着十分关键的作用。它们的选择和确定主要依靠经验和工程知识。

在模糊控制中，目前主要应用如下两种形式的模糊控制规则。

① 状态评估模糊控制规则。

R_1：若 x 是 A_1 and y 是 B_1，则 z 是 C_1；

R_2：若 x 是 A_2 and y 是 B_2，则 z 是 C_2；

…………

R_n：若 x 是 A_n and y 是 B_n，则 z 是 C_n。

其中，x，y 和 z 均为语言变量，x 和 y 为输入量，z 为控制量。A_i，B_i 和 $C_i(i=1,2,\cdots,n)$ 分别是语言变量 x,y,z 在其论域 X,Y,Z 上的语言变量值，所有规则组合在一起构成规则库。对于其中的一条规则：

$$R_i\text{：若 } x \text{ 是 } A_i \text{ and } y \text{ 是 } B_i\text{，则 } z \text{ 是 } C_i$$

其模糊蕴含关系定义为

$$\begin{aligned}\mu_{R_i} &= \mu_{(A_i \text{and } B_i \to C_i)}(x,y,z) \\ &= [\mu_{A_i}(x) \text{ and } \mu_{B_i}(y)] \to \mu_{C_i}(z)\end{aligned} \tag{2-6}$$

其中“A_i and B_i”是定义在 $X \times Y$ 上的模糊集合 $A_i \times B_i$，$R_i=(A_i$ and $B_i) \to C_i$ 是定义在 $X \times Y \times Z$ 上的模糊蕴含关系。

在现有的模糊控制系统中，大多数情况均采用这种形式。对于更一般的情形，模糊控制规则的后件可以是过程状态变量的函数，即

$$R_i\text{：若 } x \text{ 是 } A_i \text{ and}\cdots\text{and } y \text{ 是 } B_i\text{，则 } z=f_i(x,\cdots,y)$$

它根据对系统状态的评估按照一定的函数关系计算出控制作用 z。

② 目标评估模糊控制规则。

$$R_i\text{：若}[u \text{ 是 } C_i \to (x \text{ 是 } A_i \text{ and } y \text{ 是 } B_i)]\text{，则 } u \text{ 是 } C_i$$

其中，u 是系统的控制量，x 和 y 表示要求的状态和目标或者是对系统性能的评估，因而 x 和 y 的取值常常是“好”“差”等模糊语言。

对于每个控制命令 C_i，通过预测相应的结果(x,y)，从中选择最合适的控制规则。

上面的规则可进一步解释为：当控制命令选 C_i 时，如果性能指标 x 是 A_i，y 是 B_i 时，那么选用了该条规则且将 C_i 取为控制器的输出。

3. 模糊推理

模糊推理是模糊控制器的核心，它具有模拟人的基于模糊概念的推理能力。该推理过程是基于模糊逻辑中的蕴含关系及推理规则来进行的。对于多输入多输出(MIMO)模糊控制器，其规则库具有如下形式：

$$R=\{R_{\mathrm{MIMO}}^{1},R_{\mathrm{MIMO}}^{2},\cdots,R_{\mathrm{MIMO}}^{n}\}$$

其中，R_{MIMO}^{i}：若(x 是 A_i and…and y 是 B_i)，则(z_1 是 C_{i1}，…，z_q 是 C_{iq})。

R_{MIMO}^{i}的前件是直积空间 $X\times\cdots\times Y$ 上的模糊集合，后件是 q 个控制作用合并，它们之间是相互独立的。因此，R_{MIMO}^{i} 可以看成是 q 个独立的 MISO 规则，即

$$R_{\mathrm{MIMO}}^{i}=\{R_{\mathrm{MISO}}^{i1},R_{\mathrm{MISO}}^{i2},\cdots,R_{\mathrm{MISO}}^{iq}\}$$

其中，R_{MISO}^{ij}：若(x 是 A_i and…and y 是 B_i)，则(z_j 是 C_{ij})。

因此只需考虑 MISO 子系统的模糊推理问题。

不失一般性，考虑两个输入一个输出的模糊控制器。设已建立的模糊控制规则库为

R_1：若 x 是 A_1 and y 是 B_1，则 z 是 C_1；

R_2：若 x 是 A_2 and y 是 B_2，则 z 是 C_2；

…………

R_n：若 x 是 A_n and y 是 B_n，则 z 是 C_n。

设已知模糊控制器的输入模糊量为：x 是 $A'$and y 是 B'，则根据模糊控制规则进行近似推理，可以得出模糊量 z(用模糊集合 C'表示)为

$$C'=(A'\ \text{and}\ B')\circ R \tag{2-7}$$

$$R=\bigcup_{i=1}^{n}R_i \tag{2-8}$$

$$R_i = (A_i \text{ and } B_i) \rightarrow C_i \tag{2-9}$$

其中包括了三种主要的模糊逻辑运算：and 运算，合成运算“ 。”，蕴含运算“→”。and 运算通常采用求交（取小）或求积（代数积）的方法；合成运算“ 。”通常采用最大 - 最小或最大 - 积（代数积）的方法；蕴含运算“→”通常采用求交（R_c）或求积（R_p）的方法。

4. 清晰化

清晰化的作用是将模糊推理得到的控制量（模糊量）变换为实际用于控制的清晰量。它包含以下两部分内容：

① 将模糊的控制量经清晰化变换变成表示在论域范围的清晰量。

② 将表示在论域范围的清晰量经过尺度变换变成实际的控制量。

清晰化计算通常有以下几种方法。

（1）最大隶属度法

若输出量模糊集合 C' 的隶属度函数只有一个峰值，则隶属度函数的最大值为清晰值，即

$$\mu_{C'}(z_0) \geqslant \mu_{C'}(z), z \in Z \tag{2-10}$$

式中，z_0 表示清晰值。若输出量的隶属度函数有多个极值，则取这些极值的平均值。

（2）中位数法

如图 2-7 所示，采用中位数法是取 $\mu_{C'}(z)$ 的中位数作为 z 的清晰量，即 $z_0 = \mathrm{d}f(z) = \mu_{C'}(z)$ 的中位数，它满足

$$\int_a^{z_0} \mu_{C'}(z)\,\mathrm{d}z = \int_{z_0}^{b} \mu_{C'}(z)\,\mathrm{d}z \tag{2-11}$$

也就是说，以 z_0 为分界，$\mu_{C'}(z)$ 与 z 轴之间的面积两边相等。

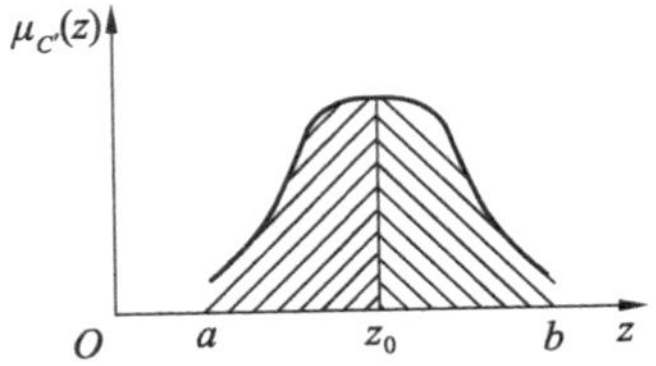

图 2-7　清晰化计算的中位法

（3）加权平均

这种方法取 $\mu_{C'}(z)$ 的加权平均值为 z 的清晰值，即

$$z_0 = \mathrm{d}f(z)\ \frac{\int_a^b z\mu_{C'}(z)\,\mathrm{d}z}{\int_a^b \mu_{C'}(z)\,\mathrm{d}z} \tag{2-12}$$

它类似于重心的计算，所以也称重心法。对于论域为离散的情况，则有

$$z_0 = \frac{\sum_{i=1}^{n} z_i\mu_{C'}(z_i)}{\sum_{i=1}^{n} \mu_{C'}(z_i)} \tag{2-13}$$

在以上各种清晰化方法中，加权平均法应用最为普遍。

在求得清晰值 z_0 后，还需经尺度变换变为实际的控制量。变换的方法可以是线性的，也可以是非线性的。若 z_0 的变化范围为 $[z_{\min}, z_{\max}]$，实际控制量的变化范围为 $[u_{\min}, u_{\max}]$，且采用线性变换，则

$$u = \frac{u_{\max} + u_{\min}}{2} + k\left(z_0 - \frac{z_{\max} + z_{\min}}{2}\right) \tag{2-14}$$

$$k = \frac{u_{\max} - u_{\min}}{z_{\max} - z_{\min}} \tag{2-15}$$

式中，k 称为比例因子。

2.4 论域为离散时模糊控制的离线计算

当论域为离散时，经过量化后的输入量的个数是有限的。因此，可以针对输入情况的不同组合离线计算出相应的控制量，从而组成一张控制表，实际控制时只要直接查这张控制表即可，在线的运算是很少的。这种离线计算、在线查表的模糊控制方法比较容易满足实时控制的要求。图 2-8 表示了这种模糊控制系统的结构，图中假设采用误差 e 和误差的导数 $\dot{e}$ 作为模糊控制器的输入量，这

是最常使用的情况。

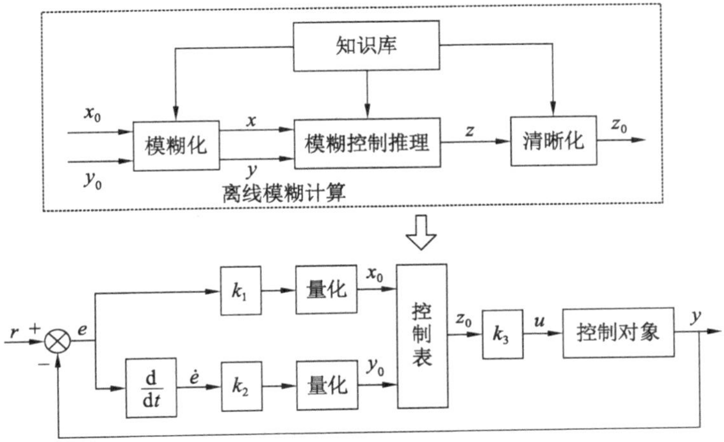

图 2-8　论域为离散时的模糊控制系统结构

图中 k_1,k_2 和 k_3 为尺度变换的比例因子。设 $e,\dot{e}$ 和 u 的实际变化范围分别为 $[-e_m,e_m]$，$[-\dot{e}_m,\dot{e}_m]$ 和 $[-u_m,u_m]$，并设 x,y 和 z 的论域分别为

$$\{-n_i,-n_i+1,\cdots,0,1,\cdots,n_i\}\ (i=1,2,3)$$

则
$$k_1=\frac{n_1}{e_m},\ k_2=\frac{n_2}{\dot{e}_m},\ k_3=\frac{u_3}{n_3} \tag{2-16}$$

图中量化的功能是将比例变换后的连续值经过四舍五入变为整数量。

从 x_0,y_0 到 z_0 的模糊推理计算过程采用前面已经讨论过的方法进行。由于 x_0,y_0 的个数是有限的，因此可以将它们的所有可能的组合情况事先计算出来（即图中的离线模糊计算部分），将计算的结果列成一张控制表。实际控制时只需查询该控制表即可由 x_0,y_0 求得 z_0。求得 z_0 后再经变换 k_3 变成实际的控制量。

在该例中，控制器的输入量为 e 和 $\dot{e}$，因此它相当于是非线性的 PD 控制；k_1,k_2 分别是比例项和导数项前面的比例系数，它们对系统性能有很大影响，要仔细地加以选择；k_3 串联于系统的回路中，它直接影响整个回路的增益，因此 k_3 也对系统的性能有很大影响，一般说来，k_3 选得大，系统反应快，但过大有可能使系统不稳定。

下面通过一个具体例子来说明离线模糊计算的过程。设

$x,y,z \in \{-6,-5,-4,-3,-2,-1,0,1,2,3,4,5,6\}$

$T(x)$ = {NB(负大)，NM(负中)，NS(负小)，NZ(负零)，PZ(正零)，PS(正小)，PM(正中)，PB(正大)}

$T(y)$ = {NB，NM，NS，ZE，PS，PM，PB}

表 2-4 表示语言变量 x 的隶属度函数。y 和 z 的隶属度函数同表 2-3。

表 2-4　语言变量 x 的隶属度函数

模糊集合	元素												
	-6	-5	-4	-3	-2	-1	0	1	2	3	4	5	6
NB	1.0	0.8	0.7	0.4	0.1	0.0	0.0	0.0	0.0	0.0	0.0	0.0	0.0
NM	0.2	0.7	1.0	0.7	0.3	0.0	0.0	0.0	0.0	0.0	0.0	0.0	0.0
NS	0.0	0.1	0.3	0.7	1.0	0.7	0.2	0.0	0.0	0.0	0.0	0.0	0.0
NZ	0.0	0.0	0.0	0.0	0.1	0.6	1.0	0.0	0.0	0.0	0.0	0.0	0.0
PZ	0.0	0.0	0.0	0.0	0.0	0.0	1.0	0.6	0.1	0.0	0.0	0.0	0.0
PS	0.0	0.0	0.0	0.0	0.0	0.0	0.2	0.7	1.0	0.7	0.3	0.1	0.0
PM	0.0	0.0	0.0	0.0	0.0	0.0	0.0	0.0	0.2	0.7	1.0	0.7	0.3
PB	0.0	0.0	0.0	0.0	0.0	0.0	0.0	0.0	0.1	0.4	0.7	0.8	1.0

表 2-3 和表 2-4 是一种表示离散论域的模糊集合及隶属度函数的简洁形式。例如，对于表 2-4，它表示

$$NB=\frac{1.0}{-6}+\frac{0.8}{-5}+\frac{0.7}{-4}+\frac{0.4}{-3}+\frac{0.1}{-2}$$

$$NM=\frac{0.2}{-6}+\frac{0.7}{-5}+\frac{1.0}{-4}+\frac{0.7}{-3}+\frac{0.3}{-2}$$

…………

$$PB=\frac{0.1}{2}+\frac{0.4}{3}+\frac{0.7}{4}+\frac{0.8}{5}+\frac{1.0}{6}$$

表 2-5 列出了该模糊控制器所采用的模糊控制规则。

表 2-5　模糊控制规则表

x \ z \ y	NB	NM	NS	ZE	PS	PM	PB
NB	NB	NB	NB	NB	NM	ZE	ZE
NM	NB	NB	NB	NB	NM	ZE	ZE
NS	NM	NM	NM	NM	ZE	PS	PS
NZ	NM	NM	NS	ZE	PS	PM	PM
PZ	NM	NM	NS	ZE	PS	PM	PM
PS	NS	NS	ZE	PM	PM	PM	PM
PM	ZE	ZE	PM	PB	PB	PB	PB
PB	ZE	ZE	PM	PB	PB	PB	PB

表 2-5 是表示模糊控制规则的简洁形式。该表中共包含 56 条规则，由于 x 的模糊分割数为 8，y 的模糊分割数为 7，所以该表包含了最大可能的规则数。一般情况下，规则数可以少于 56，这时表中相应栏内可以为空。表 2-5 中所表示的规则依次为

R_1：若 x 是 NB and y 是 NB，则 z 是 NB；

R_2：若 x 是 NB and y 是 NM，则 z 是 NB；

……………

R_{56}：若 x 是 PB and y 是 PB，则 z 是 PB。

设已知输入为 x_0 和 y_0，模糊化运算采用单点模糊集合，则相应的输入量模糊集合 A' 和 B' 分别为

$$\mu_{A'}(x)=\begin{cases}1, & x=x_0\\ 0, & x\neq x_0\end{cases}$$

$$\mu_{B'}(y)=\begin{cases}1, & y=y_0\\ 0, & y\neq y_0\end{cases}$$

根据前面介绍的模糊推理方法及性质，可求得输出量的模糊集合 C' 为（假设 and 用求交法，also 用求并法，合成用最大 - 最小法，模糊蕴含用求交法）

$$\begin{aligned}C' &= (A'\times B')\circ R=(A'\times B')\circ\bigcup_{i=1}^{56}R_i\\ &=\bigcup_{i=1}^{56}(A'\times B')\circ[(A_i\times B_i)\rightarrow C_i]\end{aligned}$$

$$= \bigcup_{i=1}^{56} [A' \circ (A_i \to C_i)] \cap [B' \circ (B_i \to C_i)]$$

$$= \bigcup_{i=1}^{56} C'_{iA} \cap C'_{iB}$$

$$= \bigcup_{i=1}^{56} C'_i$$

下面以 $x_0 = -6, y_0 = -6$ 为例说明计算过程。

$$\boldsymbol{R}_{1A} = \boldsymbol{A}_1 \to \boldsymbol{C}_1 = \boldsymbol{A}_{\mathrm{NB}} \to \boldsymbol{C}_{\mathrm{NB}} = \begin{bmatrix} 1 \\ 0.8 \\ 0.7 \\ 0.4 \\ 0.1 \\ 0 \\ \vdots \\ 0 \end{bmatrix} \cap [1 \quad 0.7 \quad 0.3 \quad 0 \quad \cdots \quad 0]$$

$$= \begin{bmatrix} 1 & 0.7 & 0.3 & \\ 0.8 & 0.7 & 0.3 & \\ 0.7 & 0.7 & 0.3 & \mathbf{0} \\ 0.4 & 0.4 & 0.3 & \\ 0.1 & 0.1 & 0.1 & \\ & \mathbf{0} & & \mathbf{0} \end{bmatrix}_{13 \times 13}$$

$$\boldsymbol{C}'_{1A} = \boldsymbol{A}' \circ (\boldsymbol{A}_1 \to \boldsymbol{C}_1) = [1 \quad 0 \quad \cdots \quad 0] \circ \boldsymbol{R}_{1A}$$
$$= [1 \quad 0.7 \quad 0.3 \quad 0 \quad \cdots \quad 0]$$

$$\boldsymbol{R}_{1B} = \boldsymbol{B}_1 \to \boldsymbol{C}_1 = \boldsymbol{B}_{\mathrm{NB}} \to \boldsymbol{C}_{\mathrm{NB}} = \begin{bmatrix} 1.0 \\ 0.7 \\ 0.3 \\ 0 \\ \vdots \\ 0 \end{bmatrix} \cap [1 \quad 0.7 \quad 0.3 \quad 0 \quad \cdots \quad 0]$$

$$= \begin{bmatrix} 1 & 0.7 & 0.3 & \\ 0.7 & 0.7 & 0.3 & \mathbf{0} \\ 0.3 & 0.3 & 0.3 & \\ & \mathbf{0} & & \mathbf{0} \end{bmatrix}_{13 \times 13}$$

$$\boldsymbol{C}'_{1B}=\boldsymbol{B}'\circ(\boldsymbol{B}_1\rightarrow\boldsymbol{C}_1)=[1\quad 0\quad\cdots\quad 0]\circ\boldsymbol{R}_{1B}$$
$$=[1\quad 0.7\quad 0.3\quad 0\quad\cdots\quad 0]$$
$$\boldsymbol{C}'_1=\boldsymbol{C}'_{1A}\cap\boldsymbol{C}'_{1B}=[1\quad 0.7\quad 0.3\quad 0\quad\cdots\quad 0]$$
$$\boldsymbol{R}_{2A}=\boldsymbol{A}_2\rightarrow\boldsymbol{C}_2=\boldsymbol{A}_{\mathrm{NB}}\rightarrow\boldsymbol{C}_{\mathrm{NB}}=\boldsymbol{R}_{1A}$$
$$\boldsymbol{C}'_{2A}=\boldsymbol{A}'\circ(\boldsymbol{A}_2\rightarrow\boldsymbol{C}_2)=\boldsymbol{C}'_{1A}$$

$$\boldsymbol{R}_{2B}=\boldsymbol{B}_2\rightarrow\boldsymbol{C}_2=\boldsymbol{B}_{\mathrm{NM}}\rightarrow\boldsymbol{C}_{\mathrm{NB}}=\begin{bmatrix}0.3\\0.7\\1.0\\0.7\\0.3\\0\\\vdots\\0\end{bmatrix}\cap[1\quad 0.7\quad 0.3\quad 0\quad\cdots\quad 0]$$

$$=\begin{bmatrix}0.3 & 0.3 & 0.3 & \\ 0.7 & 0.7 & 0.3 & \\ 1 & 0.7 & 0.3 & \mathbf{0}\\ 0.7 & 0.7 & 0.3 & \\ 0.3 & 0.3 & 0.3 & \\ & \mathbf{0} & & \mathbf{0}\end{bmatrix}_{13\times 13}$$

$$\boldsymbol{C}'_{2B}=\boldsymbol{B}'\circ(\boldsymbol{B}_2\rightarrow\boldsymbol{C}_2)=\boldsymbol{B}'\boldsymbol{R}_{2B}=[0.3\quad 0.3\quad 0.3\quad 0\quad\cdots\quad 0]$$
$$\boldsymbol{C}'_2=\boldsymbol{C}'_{2A}\cap\boldsymbol{C}'_{2B}=[0.3\quad 0.3\quad 0.3\quad 0\quad\cdots\quad 0]$$

按同样的方法可依次求出 $\boldsymbol{C}'_3,\boldsymbol{C}'_4,\cdots,\boldsymbol{C}'_5$,并最终求得

$$\boldsymbol{C}'=\bigcup_{i=1}^{56}\boldsymbol{C}'_i=[1\quad 0.7\quad 0.3\quad 0\quad\cdots\quad 0]$$

所求得的输出量模糊集合进行清晰化计算(用加权平均法)得

$$z_0=\mathrm{d}f(z)=\frac{1\times(-6)+0.7\times(-5)+0.3\times(-4)}{1+0.7+0.3}=-5.35$$

按照同样的步骤,可以计算出当 x_0,y_0 为其它组合时的输出量 z_0。最后可列出如表 2-6 所示的实时查询的控制表。

表 2-6 模糊控制表

x_0 \ y_0 (z_0)	−6	−5	−4	−3	−2	−1	0	1	2	3	4	5	6
−6	−5.35	−5.24	−5.35	−5.24	−5.35	−5.24	−4.69	−4.26	−2.71	−2.00	−1.29	0.00	0.00
−5	−5.00	−4.95	−5.00	−4.95	−5.00	−4.95	−3.86	−3.71	−2.36	−1.79	−1.12	0.24	0.23
−4	−4.69	−4.52	−4.69	−4.52	−4.69	−4.52	−3.05	−2.93	−1.94	−1.42	−0.69	0.64	0.58
−3	−4.26	−4.26	−4.26	−4.26	−4.26	−4.26	−2.93	−2.29	−1.42	−0.94	−0.25	1.00	1.00
−2	−4.00	−4.00	−3.78	−3.76	−3.47	−3.42	−2.43	−1.79	−0.44	−0.04	0.16	1.60	1.63
−1	−4.00	−4.00	−3.36	−3.08	−2.47	−2.12	−1.50	−1.05	0.26	1.91	2.33	2.92	2.92
0	−3.59	−3.55	−2.93	−2.60	−0.96	−0.51	−0.00	0.51	0.96	2.60	2.93	3.55	3.59
1	−2.92	−2.92	−2.33	−1.91	−0.26	1.05	1.50	2.12	2.47	3.08	3.36	4.00	4.00
2	−1.81	−1.79	−0.57	−0.31	0.44	1.79	2.43	3.42	3.47	3.76	3.78	4.00	4.00
3	−1.00	−1.00	0.25	0.94	1.42	2.29	2.93	4.26	4.26	4.26	4.26	4.26	4.26
4	−0.58	−0.64	0.69	1.42	1.94	2.93	3.05	4.52	4.69	4.52	4.69	4.52	4.69
5	−0.23	−0.24	1.12	1.79	2.36	3.71	3.86	4.95	5.00	4.95	5.00	4.95	5.00
6	0.00	0.00	1.29	2.00	2.71	4.26	4.69	5.24	5.35	5.24	5.35	5.24	5.35

第 3 章　神经网络控制器简介

3.1　神经网络的概述和结构

神经网络(Neural Network,NN)指由大量神经元互连而成的网络。神经网络类似于服务器互连而成的国际互联网(Internet)。以模仿大脑为宗旨的神经元网络模型,配以高速电子计算机,有望将任何机器的优势结合起来,大大提高人类对客观世界的认识能力。概括来说,其特点是适应性强,并行速度快,对经验知识的要求少。

3.1.1　神经网络简介

1. 神经元

神经元,即神经细胞,高级动物脑组织的基本单元。神经细胞主要包括:细胞体、树突、轴突和细胞之间相互联系的突触。神经元的工作机制是:神经元由细胞体、树突(输入端)、轴突(输出端)组成;神经元有两种工作状态,即兴奋和抑制;每个神经元到另一个神经元的连接权(后者对前者输出的反应程度)是可以接受外界刺激而改变的,这构成了学习机能的基础。

2. 神经网络

神经网络指由大量神经元互连而成的网络。人脑有 1 000 亿个神经元,每个神经元平均与 10 000 个其他神经元互连,这就构成了人类智慧的直接物质基础。研究神经网络,特别是神经学习的机理,对认识和促进人类自身发展有特殊的意义。

3. 人工神经元网络

人工神经元网络是采用物理可实现的模型来模仿人脑神经细

胞的结构和功能的系统。

人工神经元网络的用途是：人工神经元网络也许永远无法代替人脑，但它能帮助人类扩展对外部世界的认识和智能控制。比如：GMDH 网络本来是 Ivakhnenko（1971）为预报海洋河流中的鱼群提出的模型，又成功地应用于超音速飞机的控制系统和电力系统的负荷预测。人的大脑神经系统十分复杂，可实现的学习、推理功能是人造计算机所不可比拟的。但是，人的大脑在对于记忆大量数据和高速、复杂的运算方面却远远比不上计算机。以模仿大脑为宗旨的人工神经元网络模型，配以高速电子计算机，有望将任何机器的优势结合起来，大大提高人类对客观世界的认识能力。

人工神经元网络是一个计算模型，与传统的计算机的计算模型不同。它试图将一些简单的、大量的计算单元连接在一起，形成网络来进行计算；而传统的计算模式则是只用一个计算单元来进行计算。所以，实际上它是一种分布的、并行计算的概念，代替了原来集中的计算方法。这种结构化计算方式与大脑有点类似，它会不会比原来计算方式快，或者比原来的更好？所有这些问题引起了业界人士的强烈兴趣，大家希望它能够给计算机科学研究带来新的曙光。

它与传统计算方式的不同还体现在模型的建立方面。传统的计算方法（包括人工智能方法、数学模型计算）是采用从上到下的方法。例如，对一个问题，系统对它进行全面分析，然后再全面分解，最后为它建立一个计算模型，这个模型可能是数学的，可能是物理的，也可能是推理的、逻辑的。而在神经元网络中，系统通过采集数据并进行学习的方法来建立数据模型，即人们为系统提供样本，系统靠样本不断学习，在此基础上建立计算模型，从而建立网络结构。可以看到，后一种方法需要的经验知识比较少，即人们可以对这个问题不太了解，不知道它的规律，只要有数据就可以对它进行训练，建立计算模型，并希望从中得出计算结果。从这一角度来看，原来不能算的事或人们说不清楚的事，现在好像能算了。综合地说，其特点是适应性强，并行速度快，对经验知识的要求少。

3.1.2 神经网络研究的发展历史

1890年,美国生物学家W. James出版了*Physiology*(生理学)一书,首次阐明了有关人脑结构及其功能,以及相关学习、联想、记忆的基本规律。

W. James指出,人脑中当两个基本处理单元同时活动,或两个单元靠得比较近时,一个单元的兴奋会传到另一个单元;而且一个单元的活动程度与其周围的活动数目和活动密度成正比。

1943年,McCulloch(心理学家)和Pitts(数理逻辑学家)发表文章,提出M-P模型。该模型描述了一个简单的人工神经元模型的活动是服从二值(兴奋和抑制)变化的,总结了神经元的基本生理特性,提出了神经元的数学描述和网络的结构方法。这标志神经计算时代的开始。此模型的意义在于:① M-P模型能完成任意有限的逻辑运算;② 第一个采用集体并行计算结构来描述人工神经元和网络工作;③ 为进一步的研究提供了依据。

1949年Donala U. Hebb(心理学家)的论著*The Organization of Behavior*(行为自组织),提出突触联系强度可变的假设,认为学习的过程最终发生在神经元之间的突触部位,突触的联系强度随着突触前后神经元的活动而变化。其意义在于:① 提出了一个神经网络里信息是储藏在突触连接的权中;② 连接权的学习律正比于两个被连接的神经细胞的活动状态值的乘积;③ 假设权是对称的;④ 细胞互相连接的结构是通过改变它们之间的连接权创造出来的。

1957年,Frank Rosenblatt定义了一个神经网络结构,称为感知器(Perceptron)。此项研究第一次把神经网络从纯理论的探讨推向工程实现,掀起了神经网络研究高潮。通过在IBM704计算机上的模拟,证明了该模型有能力通过调整权的学习达到正确分类的结果。

1969年,M. Minsky和S. Papert发表了论著*Perceptrons*,指出感知器仅能解决一阶谓词逻辑,只能做线性划分,而对于非线性或其他分类会遇到很大困难,一个简单的XOR问题的例子就证明了这一点。神经网络研究一度进入低潮。

同时,使神经网络研究一度进入低潮原因还有,计算机不够发达、VLSI 还没出现、而人工智能和专家系统正处于发展高潮。

20 世纪 70 年代,据说全球只有几十个人在研究,但还是有很多成果的。例如:日本 Fukusima 的 Neocognitron;芬兰 Kohonen 的自组织神经网络;Stephen Crossberg 的共振自适应理论 ART 网络等。

1982 年,John J. Hopfield(物理学家)提出了全连接网络(离散的神经网络模型,全新的具有完整理论基础的神经网络模型),并证明了网络可达到稳定的离散和连续两种情况。他为神经网络研究开辟了一条崭新的道路,证明了神经网络的研究有无限的空间有待于开发。神经网络复兴时期开始。

这种网络的基本思想是对于一个给定的神经网络,具有一个能量函数,这个能量函数正比于每一个神经元的活动值和神经元之间的连接权。而活动值的改变算法是向能量函数减少的方向进行,一直达到一个极小值为止。3 年后,AT&T 等做出了该模型的半导体芯片。

1986 年,美国的一个平行计算研究小组提出了前向反馈神经网络的 Back Propagation(BP)学习算法,该算法成为当今应用最广泛的前向神经网络的学习方法之一。此方法解决了感知器非线性不可分类问题,给神经网络研究带来了新的希望。

运用 BP 学习算法进行学习的神经网络模型和“多层感知器”模型在原理上是完全相同的。感知器也同样具有与多层前馈网络相同的分类能力,只是由于当时没有理论支撑的设计算法,即学习算法,感知器也就失去了实际应用的意义。

1987 年,第一届世界神经网络大会在美国召开,有 1 000 人参加。从此,神经网络的研究正式成为世界范围内的一个研究领域,被人类科学的各个领域的科学家关注。

3.2 神经网络的建模

建模是对所研究的工业过程对象有关属性的模拟,所建立的模型应当具有被描述过程的主要性质和特征。建模有 2 个目的：一是离线优化操作规律（曲线）；二是在线优化控制。

传统上，人们利用已获得的丰富的数学知识对实际系统进行建模，并在各种领域的过程控制中得到了广泛的应用。然而，对于复杂的连续、时变、非线性、大滞后工业控制过程，数学建模的方法受到了严峻的挑战，这迫使人们不得不去寻求其他的技术手段。人工神经网络以其良好的特点为解决未知不确定非线性系统的建模问题提供了一条新的思路。

3.2.1　神经网络特征

人脑中约有 140 亿个神经细胞，根据 Stubbz 的估计，这些细胞被安排在约 1 000 个主要模块内，每个模块上有上百个神经网络，每个网络约有 10 万个神经细胞。

生物神经网络是一个具有高度非线性的超大规模连续时间动力系统，其最主要的特征为连续时间非线性动力学、网络的全局作用、大规模并行分布处理及高度的鲁棒性和学习联想能力。同时，它又具有一般非线性动力系统的共性，即不可预测性、吸引性、耗散性、非平衡性、不可逆性、高维性、广泛连接性与自适应性等。

人工神经网络是由大量处理单元广泛互连而成的网络。它是在现代神经科学研究成果的基础上提出的，反映了人脑功能的基本特性。但它并不是人脑的真实描写，而只是它的某种抽象、简化与模拟。网络的信息处理由神经元之间的相互作用来实现；知识与信息的存储表现为网络元件互连间分布式的物理联系；网络的学习和识别决定于各神经元连接权系数的动态演化过程。

3.2.2　神经网络模型

根据对生物神经系统结构、性能的不同，对不同组织层次抽象，以及抽象的方法的不同，所得到的神经网络模型可分为以下几种。

（1）神经元层次模型：该类模型主要集中在描述单个神经元的动态特性和自适应特性，具有输入信息有选择的响应和某些基本存储功能。

（2）网络层次模型：众多神经元相互连接成的网络，从整体上研究网络的特性，如前馈网络模型、全反馈网络等。

通常应用研究大多集中在网络结构、网络学习等方面。

（3）神经系统模型：由多个不同性质的神经网络构成，以模拟生物神经的更复杂或更抽象的性质。

比如，模式识别中经常采用的多分类器合成网络、复杂控制系统网络等。

下面简单介绍几个有代表性的神经网络模型。

① 前馈型网络。

信号由输入层到输出层单向传输。每层的神经元仅与前层的神经元相连接，只接受前层传输来的信息。

这种神经网络的信号由输入层传输到输出层的过程中，每一层的神经元之间没有横向的信息传输。每一个神经元受到前层全部神经元的控制。控制能力由连接权值决定。该种神经网络是应用最广泛的神经网络模型。

② 输入输出有反馈的前馈型网络。

输出层上存在一个反馈回路到输入层，而网络本身还是前馈型的。

该种神经网络的输入层不仅接受外界的输入信号，同时接受网络自身的信号。输出反馈信号可以是原始输出信号，也可以是经过转化的输出信号；可以是本时刻的，也可以是经过一定延迟的。此种网络经常用于系统控制、实时信号处理等，需要根据系统当前状态进行调节的场合。

一般来说，神经网络的结构以连接方式来划分，分为以下两种：前馈型和反馈型网络。本书采用的前馈网络由三部分组成，如图 3-1 所示。

① 输入层（Input layer）。大量神经元在此层接收大量的信号，并把它传送到下一层。

② 输出层（Output layer）。信息在此层中传达、分析、均衡，最终输出结果。

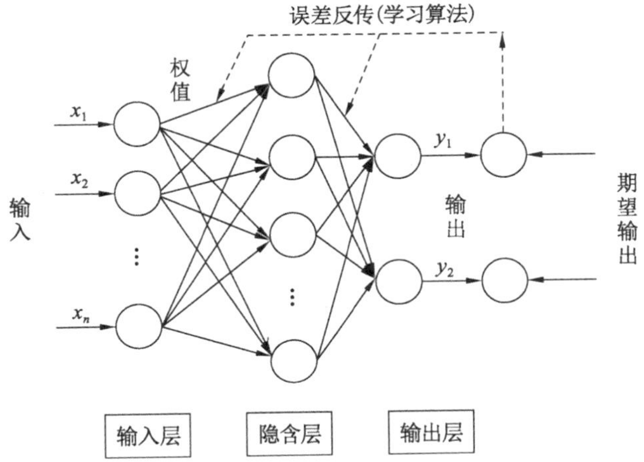

图 3-1　神经网络结构图

③ 隐含层(Hidden layer)。隐含层通过一种特殊的方式连接在输入与输出之间,加上一个或者多个隐含层,神经网络可以引出高阶统计特性。

神经网络主要具有自学习能力和并行处理特点。面对现在工业控制过程中的对象模型的不确定性和非线性,神经网络可以利用自身的特点来解决。所以当今研究的重点是如何通过神经网络控制技术来攻克这一难题。

3.3　神经网络的 BP 学习算法

BP 算法是一种监督式的学习算法,其主要思想为:根据已知学习样本构造误差函数 E 为实际输出与理想输出之差值,通过误差回传来修正网络的权值(网络参数)使误差向减小的方向移动,反复修正权值,直到误差达到某一要求为止。

以如图 3-2 所示三层神经网络为例。

设输入为 P,输入神经元有 r 个,隐含层内有 $s1$ 个神经元,激活函数为 $f1$,输出层内有 $s2$ 个神经元,对应的激活函数为 $f2$,输出

为 A，目标矢量为 $\boldsymbol{T}$；$i=1,2,\cdots,s1$，$k=1,2,\cdots,s2$，$j=1,2,\cdots,r$。

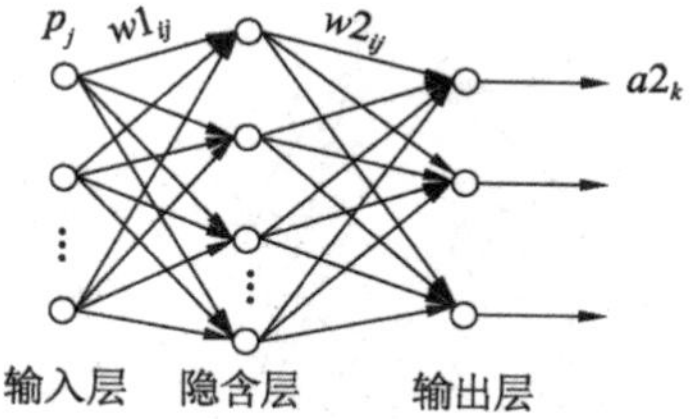

图 3-2　具有一个隐含层的神经网络图

于是，隐含层中第 i 个神经元的输出为

$$a1_i = f1\left(\sum_{j=1}^{r} w1_{ij}p_j + b1_i\right),\ i = 1,2,\cdots,s1 \tag{3-1}$$

输出层第 k 个神经元的输出为

$$a2_k = f2\left(\sum_{i=1}^{s1} w2_{ki}a1_i + b2_k\right),\ k = 1,2,\cdots,s2 \tag{3-2}$$

定义误差函数为

$$E(W,B) = \frac{1}{2}\sum_{k=1}^{s2}(t_k - a2_k)^2 \tag{3-3}$$

利用梯度下降法求权值变化及误差的反向传播的过程如下。

输出层的权值变化对从第 i 个输入到第 k 个输出的权值，有：

$$\begin{aligned}\Delta w2_{ki} &= -\eta\frac{\partial E}{\partial w2_{ki}} = -\eta\frac{\partial E}{\partial a2_k}\cdot\frac{\partial a2_k}{\partial w2_{ki}}\\ &= \eta(t_k - a2_k)\cdot f2'\cdot a1_i = \eta\cdot\delta_{ki}\cdot a1_i\end{aligned} \tag{3-4}$$

其中，

$$\delta_{ki} = (t_k - a2_k)\cdot f2' = e_k\cdot f2'$$

$$e_k = t_k - a2_k$$

同理可得

$$\Delta b2_{ki} = -\eta\frac{\partial E}{\partial b2_{ki}} = -\eta\frac{\partial E}{\partial a2_k}\cdot\frac{\partial a2_k}{\partial b2_{ki}} = \eta(t_k - a2_k)\cdot f2' = \eta\cdot\delta_{ki} \tag{3-5}$$

隐含层的权值变化对从第 j 个输入到第 i 个输出的权值，有

$$\Delta w1_{ij} = -\eta \frac{\partial E}{\partial w1_{ij}} = -\eta \frac{\partial E}{\partial a2_k} \cdot \frac{\partial a2_k}{\partial a1_i} \cdot \frac{\partial a1_i}{\partial w1_{ij}}$$

$$= \eta \sum_{k=1}^{s_2} (t_k - a2_k) \cdot f2' \cdot w2_{ki} \cdot f1' \cdot p_j$$

$$= \eta \cdot \delta_{ij} \cdot p_j \tag{3-6}$$

其中，

$$\delta_{ij} = e_i \cdot f1', e_i = \sum_{k=1}^{s_2} \delta_{ki} w2_{ki}$$

同理可得

$$\Delta b1_i = \eta \delta_{ij} \tag{3-7}$$

式中，η 为学习速率，$0 < \eta < 1$。

BP 算法虽然应用广泛，但由于它是利用误差函数一阶梯度的信息确定下一步训练的方向，因而收敛速度较慢，而且越是接近极小值点或局部极小值时，收敛速度越慢，通常要几千次的迭代或者上万次。为加快学习收敛速度，在实际应用中经常加入动量项，即

$$a_{ij}(t+1) = a_{ij}(t) + \eta \delta_i g_i'(x_i) y_i + \alpha [a_{ij}(t) - a_{ij}(t-1)] \tag{3-8}$$

以使权值变化更平滑，加快收敛速度。式中，η 称为学习增益系数，简称学习率；α 为动量因子。

3.4　神经网络控制系统的结构

神经网络控制系统是利用神经网络这种工具的控制系统。神经网络在控制系统中可在基于模型的各种控制结构中充当对象模型，还可充当控制器。它在控制系统中起优化计算作用。这里介绍几种应用较多的神经网络控制系统。

(1) 参数估计自适应控制系统

参数估计自适应控制系统利用神经网络的计算能力优化控制器参数。神经网络参数估计器的输入为来自环境因素的传感器信息和系统的输出信息。参数估计器根据其控制性能、控制规律和控制约束来建立目标函数，用类似于 Hopfield 网络来实现目标函数

的优化计算。神经网络的输出则为自适应控制器的参数,神经网络参数估计器设计应保证其输出矢量空间在拓扑结构上与控制器参数矢量空间对应。

(2) 逆动态控制系统

对象逆动态神经网络串联在被控对象之前就构成逆动态系统。此系统在机器人控制中有应用。

(3) 内模控制系统

内模控制具有较强的鲁棒性。系统的内模型和控制器均由前向动态神经网络实现。内模型与被控对象相关联,控制器具有被控对象的逆动态特性。对象的输出与内模型输出之差作为反馈信号反馈到系统的输入端。

(4) 预测控制系统

神经网络预测控制系统就是利用作为对象辨识模型的神经网络产生预测控制信号,然后采用优化技术求出控制向量,实现对非线性系统的预测控制。

(5) 模型参考自适应控制系统

非线性系统的神经网络模型参考自适应控制系统在结构上与线性系统的模型参考自适应系统相同,只是对象的辨识模型为神经网络。

(6) 变结构控制系统

线性系统中采用 Hopfield 网络作为动态控制器,用变结构理论建造控制器,并用鲁棒性描述其特性。利用 Hopfield 网络的优化计算能力,可实现对线性时变系统的自适应控制,以及前馈控制、监督控制等。

第4章　智能非线性控制技术在药剂温控系统中的应用

4.1　温度控制系统概述

4.1.1　系统描述

医药生产行业中的霜、液剂温度控制系统是一典型带有热焓过程的慢变系统。此类控制系统主要通过冷热水介质流到加热罐的隔层来对罐内药剂进行加热、冷却和保温的自动化控制。

系统中的加热介质为140℃的热水(SHM),制冷介质是10℃冷水(CHM),压力为6 bar,被加热物料为水、聚氧乙烯-7、硬脂酸脂等。水介质流经的管道中间安装有进出水电磁阀和调节阀。由降或升温决定冷水或热水电磁阀的开闭,通过调整调节阀的开度改变介质的流量来控制介质的温度,从而控制了罐内药剂的温度。管道中间的温度传感器用来检测介质的温度,罐底的温度传感器采集被控药剂的温度。系统工艺图如图4-1所示。

4.1.2　控制要求

系统控制要求如下:

被控温度上升时间≤30 min;超调量$\sigma_{max}\%\leq 2\%$;稳态误差≤$0.5\% T_{设定}$($T_{设定}=80$ ℃)。

依据提出的控制要求,需要详细分析系统中被控对象的特征,从而制定相应的控制算法。

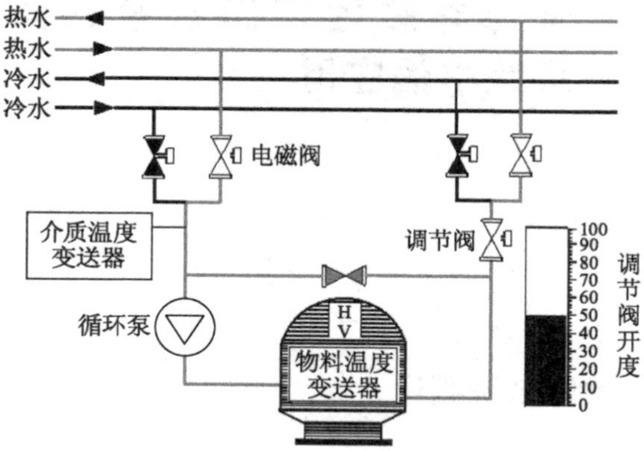

图 4-1　系统工艺图

4.1.3　数学模型分析

系统的介质管道输送距离远，管道中间阀门较多，调节阀开度的变化需要经过一段较长的传输时间 τ 才能对罐内药剂的温度产生影响，故被控对象加热罐存在着一个延迟环节 $e^{-\tau s}$。

介质流到罐的隔层后，罐的内层外壁面温度为介质温度 t_m，经过钢罐的单层平壁导热后，内壁面温度即为 t_{m1}。壁内温度分布为

$$t(x) = t_m - \frac{(t_m - t_{m1})x}{l} \tag{4-1}$$

式中，l 为罐壁面厚度。

当温度升到 $t_{m1} = t_m$ 时，壁内温度呈现饱和状态。因为钢的热导率 λ 较大（约为 42.8），所以被控对象带有小惯性环节特征。

药剂温度的变化靠壁面和药剂流体的对流传热实现。其对流传热微分方程为

$$\left(\frac{\partial t_x}{\partial y}\right)_{y=0} = \frac{h_x(t_{m1} - t_{pv})_x}{-\lambda_f} \tag{4-2}$$

式中，h_x 为局部对流传热系数，t_{pv} 为药剂温度，$\left(\frac{\partial t_x}{\partial y}\right)_{y=0}$ 为边界层微元体 x 壁面上药剂的温度变化率，$(t_{m1} - t_{pv})_x$ 为局部对流传热温差。

本系统的药剂多为硬脂类化学品,其热导率 λ_f 很小(小于 1),药剂温度的分布由外到内降低很多,所以小热导率限制了药剂的快速升温,此部分呈现大惯性环节特征。

于是,被控对象的数学模型近似为

$$G(s)=\frac{Ke^{-\tau s}}{(T_1s+1)(T_2s+1)} \tag{4-3}$$

式中,K 为对象静态增益,τ 为时滞环节延迟时间,T_1 为小惯性环节时间常数,T_2 为大惯性环节时间常数。

考虑到被控药剂的种类经常会根据生产的需要而发生改变,加之其他一些干扰因素,导致模型的参数时常会有变动,因此被控对象还具有时变不确定性的特征。

总之,系统中的加热罐是一个具有纯滞后、大惯性和时变不确定特征的工业被控对象。它存在以下的控制难点:

(1)控制对象具有时滞特性,导致不能及时跟踪设定值、反映扰动,使系统快速性和稳定性受到很大影响。

(2)加热罐内药剂本身的蓄热特性决定其具有大惯性的特征,如果控制不当,很容易产生被控制量的超调和振荡,甚至系统不能稳定。

(3)控制系统的模型参数经常发生变动,具有时变不确定性,使系统的控制难度增加。

针对具有这些特征的系统,欲消除其滞后环节对性能的影响,可以使用 Smith 预估补偿法,但是此方法需要知道被控对象精确的数学模型。本系统被控对象的延迟时间 τ 和时间常数 T_1,T_2 较难确定,所以不宜使用 Smith 预估器来进行控制而是采用智能控制技术来解决系统中的控制问题。

4.2　自适应模糊控制器在药剂温控系统中的应用

4.2.1 常规模糊控制器性能分析

模糊控制技术诞生 30 多年以来,在模糊控制方法方面已经取得不少研究成果和进展，在常规模糊控制系统的大量应用研究中，人们感到了这种控制器的优点：响应时间短，超调量小，鲁棒性好等。然而对于复杂的被控对象，常规的模糊控制系统的稳定性尚不能令人满意。常规的二维模糊控制器是以误差和误差的变化率作为输入变量的。一般认为这种控制器具有比例－微分控制作用，但缺少积分作用，本身消除其系统稳态误差的能力比较差，难以达到较高的控制精度。常规的模糊控制器稳态精度较低，存在不可能消除稳态偏差和稳态偏差变化率的缺点。

常规模糊控制系统稳态精度欠佳可以从它的输入输出方法来分析。考虑典型模糊控制器，对于误差输入信号，要把它转化为误差论域上的点，即

$$n_k = \mathrm{INT}(K_e e_k + 0.5) \tag{4-4}$$

式中，e_k 为某时刻的输入误差，K_e 是误差的量程转换比例因子，INT 为四舍五入取整运算，n_k 为转化到误差论域上的点。由上式可见当 $n_k = 0$ 时，仍有

$$|K_e e_k| < 0.5$$

即

$$|e_k| < 0.5/K_e \tag{4-5}$$

式中，K_e 是误差信号的物理范围$[-e, e]$到误差论域$\{-n, -(n-1), \cdots, 0, \cdots, n-1, n\}$量程转换的比例因子，考虑 $K_e = n/e$。于是上式变为

$$|e_k| < \frac{0.5}{n}e \tag{4-6}$$

一般规范化的离散论域形式中常常取 $n = 6$ 或 7，因此

$$|e_k| < 0.07e \tag{4-7}$$

也就是说，$|e_k|$在误差量程最大值 e 为 0.07 以内时，模糊控制器已经把它当 0 来处理了。因此，对于$|e_k| < 0.07e$ 的稳态误差，模糊控制器无法消除。

另外，传统的模糊控制器由于没有严格的解析表达式形式的数学模型，对其控制规则的修改和优化往往比较困难。

4.2.2　自适应模糊控制器的设计

1. 自适应模糊控制系统结构

自适应模糊控制系统结构如图 4-2 所示。

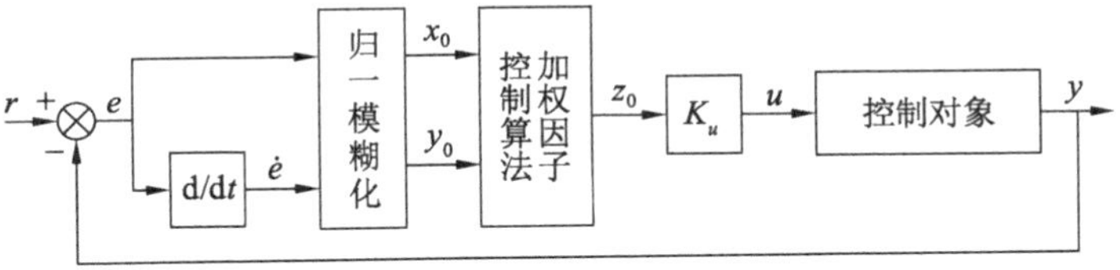

图 4-2　自适应模糊控制系统结构图

（1）归一模糊化

一般模糊控制器都采用量化因子 K_e 和 K_c 使误差及误差变化从基本论域转化到相应的模糊集合论域中。量化因子的选择对控制系统的控制性能影响很大，并且由于 K_e 和 K_c 之间相互影响，所以选择一组适用于控制系统合适的量化因子也很困难。同时，对于相应过程较长的大惯性系统，仅用一组恒定不变的量化因子难以保证被控过程的全过程都处于最佳控制状态，而且会降低模糊控制系统的鲁棒性。所以，可以采用在系统的不同状态下对量化因子优化加权的方法。

（2）加权因子控制算法

因为基本模糊控制器是针对不同的控制对象来提出不同的控制规则，从而得到不同的模糊控制查询表。因此，可以引入加权因子来修正控制规则，这样可以灵活地改变控制规则，从而只要适当地调整控制参数就可以使模糊控制器对不同的被控对象都能获得满意的控制效果。

2. 带加权因子的模糊控制器

对于一个二维模糊控制器，当输入变量误差 E、误差变化 CE 和输出控制量 U 的论域等级划分相同时，则其控制表可以用下列关系式近似归纳：

$$U \approx -(E+CE)/2 \tag{4-8}$$

由式(4-8)所描述的模糊控制器的控制规则关系是固定的，不可调整的。为了适应不同被控对象的要求，在式(4-8)的基础上引入一个加权因子，得到一种带有加权因子的控制规则：

$$U = -< \alpha E + (1-\alpha) CE >,\ \alpha \in [0,1] \quad (4\text{-}9)$$

式中，E，CE 分别为经过量化处理的误差和误差变化；α 为加权因子，又称调整因子；U 为控制改变量。可见，控制作用取决于对误差 E 和误差变化 CE 不同程度的加权，而这个加权因子就是 α。调整 α 值的大小，便可以改变控制作用。在实际的消除误差的控制中，当误差较大时，系统的任务是尽快减小误差，此时 α 应取大些。当误差很小时，系统的任务是尽快达到稳定，减小超调，则误差变化 CE 的权重 $1-\alpha$ 应取大些，即 α 应取小些。因此，在控制过程的不同阶段，α 取不同的值对系统响应的影响很大。

由上述环节所组成的模糊控制器对于不同的被控对象只要适当调整控制参数，就可以达到非常满意的控制效果。

3. 龙格－库塔公式

龙格－库塔方法是一种求解常微分方程近似解的数值方法。这种方法的基本思想就是以多个节点上的 $f(x,y)$ 值的线性组合为加权平均斜率，构造近似公式，再把近似公式与精确解的 Taylor 展开式比较，使尽量多的项吻合，从而使近似公式的局部截断误差阶数尽可能高。按照龙格－库塔的构想，构造近似公式为

$$y_{k+1} = y_k + \sum_{i=1}^{N} K_i \quad (4\text{-}10)$$

式中，

$$K_1 = hf(x_k, y_k)$$

$$K_i = hf\left(x_k + \alpha_i h, y_k + \sum_{j=1}^{i-1} \beta_{ij} K_j\right), i = 2,3,\cdots,N \quad (4\text{-}11)$$

选取合适的参数 c_i，α_i，β_{ij}，以使近似公式与精确解的 Taylor 展开式有尽量多的项重合，从而截断误差阶数尽可能高。

当近似公式中的 $N=4$ 时，就可以得到四阶龙格－库塔公式：

$$y_{k+1} = y_k + \frac{h}{6}(K_1 + 2K_2 + 2K_3 + K_4) \quad (4\text{-}12)$$

式中，

$$\begin{cases} K_1 = f(x_k, y_k) \\ K_2 = f(x_k + h/2, y_k + hK_1/2) \\ K_3 = f(x_k + h/2, y_k + hK_2/2) \\ K_4 = f(x_k + h, y_k + hK_3) \end{cases} \tag{4-13}$$

龙格－库塔方法的优点是精度高且程序容易实现。本设计中用四阶龙格－库塔公式近似被控对象，具有较高的近似精度。

4.2.3　利用梯度下降法对 α 自寻优

梯度下降法是一种优化搜索算法，在 BP 神经网络的学习训练中，常常表现出网络权值的修改速度很慢，不具有实时性，因而神经网络的权值修改只能离线进行。鉴于此，为了保证模糊控制器能够在线实时地修改加权因子 α，可采用在每一采样时刻都计算一次加权因子 α 的增量 $\Delta\alpha$ 的方法，即根据 t 时刻采样所得到误差 $e(t)$，计算出相应的 α 的增量 $\Delta\alpha(t)$，通过修改后的因子

$$\alpha(t+1) = \alpha(t) + \Delta\alpha(t)$$

实现对 α 的实时修改和优化。具体处理过程如下：

设被控对象的传递函数为 $H(s)$，将其写成状态方程的形式如下：

$$\begin{cases} x = \boldsymbol{A}x + \boldsymbol{B}u \\ y = \boldsymbol{C}x + \boldsymbol{D}u \end{cases}$$

然后以四阶龙格－库塔公式逼近该被控对象。根据 t 时刻的误差 $e(t)$ 和误差的变化 $ce(t)$，量化以后得到模糊论域上的误差 $E(t)$ 和误差变化 $CE(t)$，由加权因子算法可得 t 时刻模糊控制器在模糊论域上的输出控制量的形式为式(4-9)。

该输出乘以比例因子 K_u 就得到 t 时刻控制器的实际输出 $u(t)$，即

$$u(t) = K_u \cdot U(t) \tag{4-14}$$

式中，$u(t)$ 再作用于四阶龙格库塔－公式逼近被控对象，其作用过程为

$$\begin{cases}K_1 = \boldsymbol{A}x(t-1) + \boldsymbol{B}u(t) \\ K_2 = \boldsymbol{A}[x(t-1) + hK_1/2] + \boldsymbol{B}u(t) \\ K_3 = \boldsymbol{A}[x(t-1) + hK_2/2] + \boldsymbol{B}u(t) \\ K_4 = \boldsymbol{A}[x(t-1) + hK_3] + \boldsymbol{B}u(t) \\ x(t) = x(t-1) + (K_1 + 2K_2 + 2K_3 + K_4)h/6\end{cases} \tag{4-15}$$

则 $t+1$ 时刻系统输出为

$$y(t+1) = \boldsymbol{C}x(t) + \boldsymbol{D}u(t) \tag{4-16}$$

进而得到 $t+1$ 时刻的误差 $e(t+1)$，定义误差

$$e(t+1) = y(t+1) - r(t+1) \tag{4-17}$$

式中，$r(t+1)$ 为系统输入。

目标函数为

$$J = [e^2(t+1) + \lambda u^2(t)]/2 \tag{4-18}$$

按负梯度方向求 t 时刻加权因子 α 的增量 $\Delta\alpha(t)$，即 $\Delta\alpha(t) = -\dfrac{\partial J}{\partial\alpha(t)}$。具体推理过程如下：

由式(4-17)和式(4-18)可得

$$\begin{aligned}\frac{\partial J}{\partial a(t)} &= \frac{1}{2}\left[\frac{\partial e^2(t+1)}{\partial y(t+1)} \cdot \frac{\partial y(t+1)}{\partial\alpha(t)} + \lambda\frac{u^2(t)}{\partial\alpha(t)}\right] \\ &= e(t+1)\frac{\partial y(t+1)}{\partial\alpha(t)} + \frac{1}{2}\frac{\partial u^2(t)}{\partial\alpha(t)}\end{aligned} \tag{4-19}$$

由式(4-16)可得

$$\frac{\partial y(t+1)}{\partial a(t)} = \boldsymbol{C}\frac{\partial x(t)}{\partial\alpha(t)} + \boldsymbol{D}\frac{\partial u(t)}{\partial\alpha(t)}$$

将该式代入式(4-19)可得

$$\frac{\partial J}{\partial a(t)} = e(t+1)\left[\boldsymbol{C}\frac{\partial x(t)}{\partial\alpha(t)} + \boldsymbol{D}\frac{\partial u(t)}{\partial\alpha(t)}\right] + \frac{1}{2}\frac{\partial u^2(t)}{\partial\alpha(t)} \tag{4-20}$$

由式(4-9)和式(4-14)可得

$$\frac{\partial u(t)}{\partial a(t)} = -K_u \cdot [E(t) - CE(t)] \tag{4-21}$$

$$\frac{\partial u^2(t)}{\partial a(t)} = -2K_u \cdot u(t) \cdot [E(t) - CE(t)] \tag{4-22}$$

由式(4-15)可得

$$\frac{\partial x(t)}{\partial \alpha(t)}=\frac{h}{6}\left[\frac{\partial K_1}{\partial u(t)}+2\frac{\partial K_2}{\partial u(t)}+2\frac{\partial K_3}{\partial u(t)}+\frac{\partial K_4}{\partial u(t)}\right]\cdot\frac{\partial u(t)}{\partial \alpha(t)} \tag{4-23}$$

$$\begin{cases}\dfrac{\partial K_1}{\partial u(t)}=\boldsymbol{B}\\ \dfrac{\partial K_2}{\partial u(t)}=\dfrac{\boldsymbol{AB}}{2}h+\boldsymbol{B}\\ \dfrac{\partial K_3}{\partial u(t)}=\dfrac{\boldsymbol{A}^2\boldsymbol{B}}{4}h^2+\dfrac{\boldsymbol{AB}}{2}h+\boldsymbol{B}\\ \dfrac{\partial K_4}{\partial u(t)}=\dfrac{\boldsymbol{A}^3\boldsymbol{B}}{4}h^3+\dfrac{\boldsymbol{A}^2\boldsymbol{B}}{2}h+\boldsymbol{AB}h+\boldsymbol{B}\end{cases} \tag{4-24}$$

将式(4-24)代入式(4-23)可得

$$\frac{\partial x(t)}{\partial \alpha(t)}=-K_u\cdot\frac{h}{6}\left(\frac{A^3}{4}h^3\boldsymbol{B}+\boldsymbol{A}^2h^2\boldsymbol{B}+3\boldsymbol{A}h\boldsymbol{B}+6\boldsymbol{B}\right)\cdot[E(t)-CE(t)] \tag{4-25}$$

将式(4-21)、式(4-22)和式(4-25)代入式(4-20)可得

$$\begin{aligned}\Delta\alpha(t)&=-\frac{\partial J}{\partial\alpha(t)}\\&=K_u\cdot\left\{e(t+1)\cdot\left[\frac{\boldsymbol{C}h}{6}\left(\frac{\boldsymbol{A}^3\boldsymbol{B}}{4}h^3+\boldsymbol{A}^2\boldsymbol{B}h^2+3\boldsymbol{AB}h+6\boldsymbol{B}+\boldsymbol{D}\right)+\lambda\cdot u(t)\right]\right\}\cdot\\&\quad[E(t)-CE(t)]\end{aligned} \tag{4-26}$$

式中，$\boldsymbol{A},\boldsymbol{B},\boldsymbol{C},\boldsymbol{D}$ 是被控对象状态方程的系数矩阵。当系统确定时，通过计算可知$\frac{\boldsymbol{C}h}{6}\left(\frac{\boldsymbol{A}^3\boldsymbol{B}}{4}h^3+\boldsymbol{A}^2\boldsymbol{B}h^2+3\boldsymbol{AB}h+6\boldsymbol{B}+\boldsymbol{D}\right)$为一常数。因此将式(4-26)改写为

$$\Delta\alpha(t)=[\beta\cdot e(t+1)+\gamma\cdot u(t)]\cdot[E(t)-CE(t)] \tag{4-27}$$

式中，$\beta=\frac{\boldsymbol{C}h}{6}\left(\frac{\boldsymbol{A}^3\boldsymbol{B}}{4}h^3+\boldsymbol{A}^2\boldsymbol{B}h^2+3\boldsymbol{AB}h+6\boldsymbol{B}+\boldsymbol{D}\right)$，$\gamma=\lambda\cdot K_u$。

比较式(4-26)和式(4-27)可得，式(4-26)依赖于被控对象的状态方程系数矩阵，而在式(4-27)中则看不出和被控对象有关，只需调整系数β和γ就可以得到$\Delta\alpha(t)$，从而实现对控制规则的优化。

4.2.4 自适应模糊控制器系统仿真分析

本节将使用传统模糊逻辑控制器的系统仿真结果,采用自适应模糊控制器的系统仿真结果进行分析比较,并用 MATLAB 软件进行仿真。

1. 传统模糊控制器系统的仿真

根据系统近似模型公式(4-3),在仿真时,取 $K=0.001$,$T1=0.02$,$T2=0.8$,延时 τ 取 -5、采样步长 h 为 0.02 min、采样步数 n 为 3 500,采用表 2-6 的模糊控制表,通过编写仿真程序,得到如图 4-3 所示的仿真图。

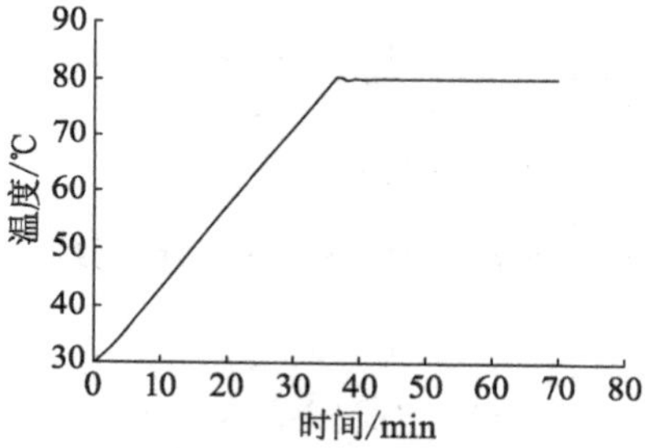

图 4-3 传统模糊控制器的仿真图

从图中可以得知:采用传统模糊控制器,温度控制系统的被控温度上升时间为 36.35 min,超调量(指响应的最大偏离量 $h(tp)$ 与终值 $h(\infty)$ 的百分比数)为

$$\sigma\%=\frac{h(tp)-h(\infty)}{h(\infty)}\times100\%=\frac{80.4-80}{80}\times100\%=0.5\%$$

稳态误差为

$$\frac{80.09-80}{80}\times100\%=0.113\%T$$

对比温度控制系统的控制要求:被控温度上升时间≤30 min、超调量 $\sigma_{max}\%\leqslant2\%$、稳态误差 $\leqslant0.5\%T$。可以看出,采用传统模糊控制器,温度控制系统的超调量与稳态误差都可以满足控制要求,但温度上升时间满足不了要求。

系统的误差平方曲线如图 4-4 所示。

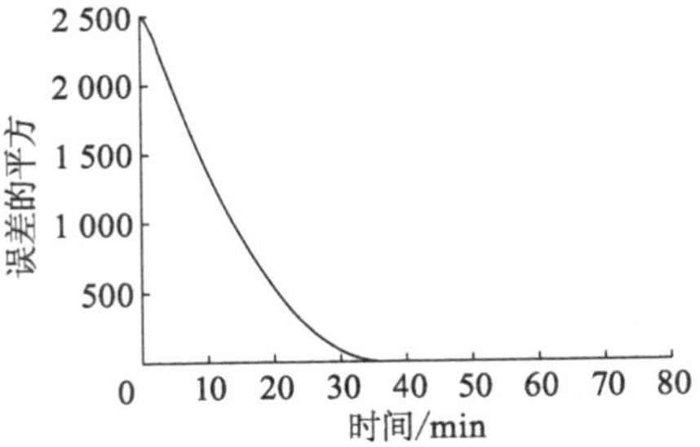

图 4-4　传统模糊控制器的误差平方曲线

2. 自适应模糊控制器系统的仿真

同样，取 $K=0.001$，$T1=0.02$，$T2=0.8$，延时 τ 取 -5，采样步长 h 为 0.02 min，采样步数 n 为 3 500，采用式(4-9)带有加权因子的控制规则，并利用梯度下降法对 α 自寻优，得到如图 4-5 所示的仿真波形图。

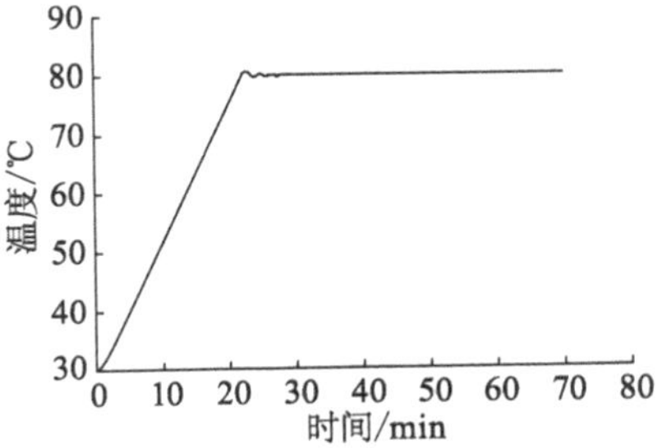

图 4-5　自适应模糊控制器的仿真图

从图中可以得知：采用自适应模糊控制器，温度控制系统的被控温度上升时间为 22.1 min，超调量为

$$\sigma\% = \frac{h(tp)-h(\infty)}{h(\infty)}\times 100\% = \frac{80.625-80}{80}\times 100\% = 0.78\%,$$

稳态误差为

$$\frac{80.165-80}{80}\times 100\% = 0.206\%\ T$$

对比温度控制系统的控制要求：被控温度上升时间≤30 min、超调

量 $\sigma_{max}\% \leqslant 2\%$、稳态误差 $\leqslant 0.5\% T$。可以看出，采用自适应模糊控制器，温度控制系统的被控温度上升时间、稳态误差和超调量都满足控制要求。

另外，还可以通过编程仿真得到自适应模糊控制器的误差平方曲线图（见图4-6）。

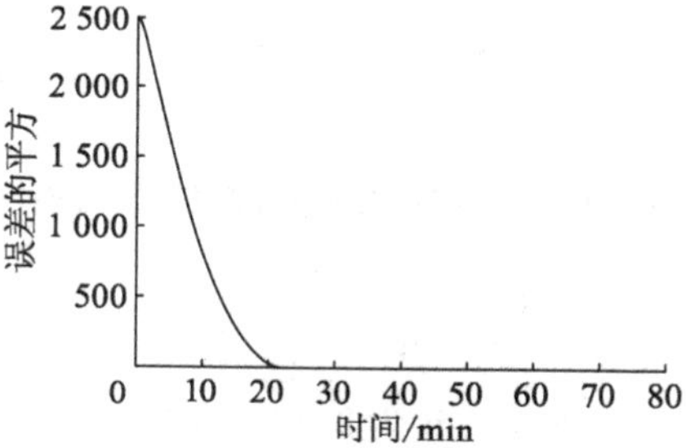

图4-6　自适应模糊控制器的误差平方曲线

3. 仿真结果对比

把图4-3与图4-5放在同一个坐标下对比，如图4-7所示（图中实线部分是自适应模糊控制器，虚线部分是传统模糊控制器）。

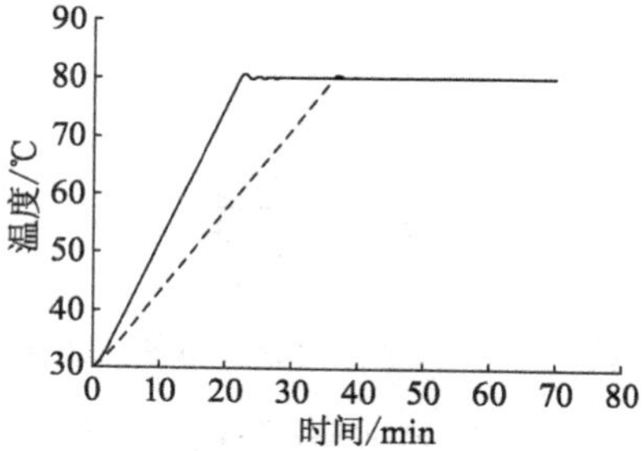

图4-7　传统控制器和自适应模糊控制器仿真结果对比图

从图中可看出，温度控制系统采用自适应模糊控制器的被控温度上升时间比采用传统模糊控制器的要快，调节时间（当C(t)和C(∞)之间误差达到规定允许范围（C(∞)的±5%或±2%），并且以后不再超出此范围所需的最小时间）也比传统模糊控制器的要快，自适应模糊控制器系统性能优于传统模糊控制器系统性能。

4.3　神经网络 BP－PID 控制器在药剂温控系统中的应用

本书主要研究的是神经网络 PID 控制器的优越性能，为了体现其优越性，将其系统仿真结果和采用经典 PID 控制器的仿真结果作比较。首先介绍经典 PID 控制器的设计方法。

4.3.1　经典 PID 控制器的设计

一般来说，自动控制系统可以划分为开环、反馈和复合控制系统。虽然工程实践中的自动控制系统复杂多样，但是它们大部分都是典型的控制系统。一个典型的反馈控制系统包括输入变换装置、比较环节、放大环节、执行机构、控制对象、检测装置和校正环节。

在工业生产过程中，常规 PID 控制是最常用的一种调节方法。PID 控制器的原理特别简单，而且适应性较强，鲁棒性也不错。下面简单介绍经典 PID 控制的三个组成部分。

1. 比例（P）控制

它是一种最简单的控制方式。控制器的输出量与输入量成正比，这就是所谓的比例控制器。改变比例系数 K_P 的大小可能影响系统的稳定性，增大 K_P 可以解决这个问题。一般情况，比例控制不会单独使用。

2. 积分（I）控制

把系统的输入量对时间的积分作为输出量，这就是所谓的积分控制。控制系统进入稳态后会产生稳态误差，所以我们必须要加入积分环节。在实际应用中，通常采用比例积分控制器。

3. 微分（D）控制

系统在抑制误差产生的过程中会发生不稳定，那是由于存在能抑制误差的大惯性环节。所以，解决的方法要抑制误差的变化。在实际中，我们采用 PD（比例加微分）控制来调节系统。

经典 PID 控制器的控制规律可以用传递函数来表示为

$$G(s)=\frac{U(s)}{E(s)}=K_{\mathrm{P}}\left(1+\frac{1}{T_{\mathrm{I}}s}+T_{\mathrm{D}}s\right) \tag{4-28}$$

或写成

$$u(t)=K_{\mathrm{P}}\left[e(t)+\frac{1}{T_{\mathrm{I}}}\int_{0}^{t}e(t)\mathrm{d}t+T_{\mathrm{D}}\frac{\mathrm{d}e(t)}{\mathrm{d}t}\right] \tag{4-29}$$

式中,$u(t)$表示输出量,$e(t)$表示输入量。

本书中的药剂温控系统是一个离散系统,可以用经典增量式PID控制算法,表示为

$$\begin{aligned}u(k)=&u(k-1)+K_{\mathrm{P}}[e(k)-e(k-1)]+K_{\mathrm{I}}e(k)+\\&K_{\mathrm{D}}[e(k)-2e(k-1)+e(k-2)]\end{aligned} \tag{4-30}$$

式中,k为采样序号,$k=0,1,2,\cdots$;$u(t)$为第k次采样的输出值;$e(t)$为第k次采样的输入偏差值;$e(k-1)$为第$k-1$次采样的输入偏差值;K_{I}为积分系数,

$$K_{\mathrm{I}}=\frac{K_{\mathrm{P}}T}{T_{\mathrm{I}}}; \tag{4-31}$$

K_{D}为微分系数,

$$K_{\mathrm{D}}=\frac{K_{\mathrm{P}}T_{\mathrm{D}}}{T}; \tag{4-32}$$

T为采样时间。

无论如何经典PID控制器都存在一些缺陷,要想整定出一组最优的参数是很难做到的。最重要的是,假如PID控制不能控制复杂的过程,无论怎么调整参数都没有用。

4.3.2 神经网络PID控制器的系统结构

带有BP算法的神经网络PID控制器的系统框图如图4-8所示。

其中,被控对象是药剂温控系统;输入量r有三个:误差、误差的导数和误差的积分;y为输出量,$\hat{y}$为系统辨识器的输出。

基于BP算法的神经网络PID控制器一般主要由系统的输入、控制器、被控对象和输出组成(见图4-8)。神经网络PID控制器根据系统运行状态对三个参数的整定,再经过BP学习算法不断的调整权值,最终获得令人满意的控制参数。神经网络辨识器的目的

在于估计得到精确的控制模型和结构，使系统达到要求的控制性能。

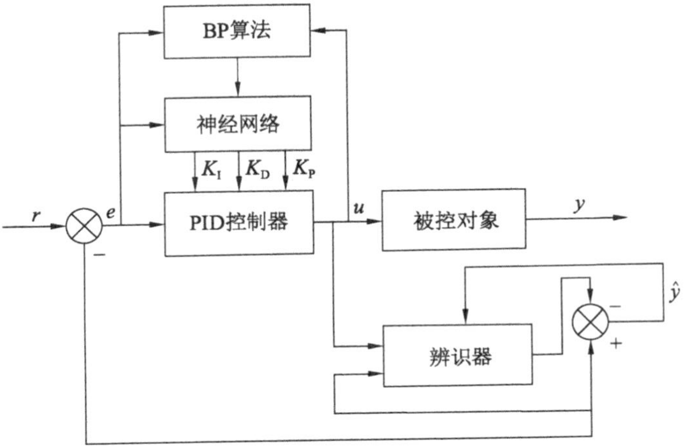

图 4-8　基于 BP 算法的神经网络 PID 控制器的系统框图

4.3.3　基于 BP 算法的神经网络 PID 控制器

由于被控对象的结构和数学模型的复杂性，并且在实际生产过程中药品的种类繁多并且工艺复杂，导致了对象的参数是不断改变的，靠常规的 PID 整定已经行不通了。企业也非常希望能够提高生产效率和产品品质，更要考虑到经济的可行性。为了解决这种控制难题，寻找一种新的方法进行建模很有必要。所以，下面主要介绍神经网络 PID 控制器的设计过程。

本次设计采用三层 BP 网络结构，如图 4-9 所示。

由图 4-9 知，其输入层的 3 个输入信号分别为

$$X_1(k)=e(k)$$

$$X_2(k)=\sum_{i=1}^{k}e(i)$$

$$X_3(k)=e(k)-e(k-1)$$

式中，$e(k)$ 为误差量；$X_2(k)$ 可以相当于系统中的积分环节，可以呈现出误差累加的情况；$X_3(k)$ 可以相当于系统中微分环节，可以反

映出误差变化的快慢。采用 $X_1(k)$, $X_2(k)$ 和 $X_3(k)$ 作为系统的三个输入量，能够充分反映输入神经网络 PID 控制器信号的特征。

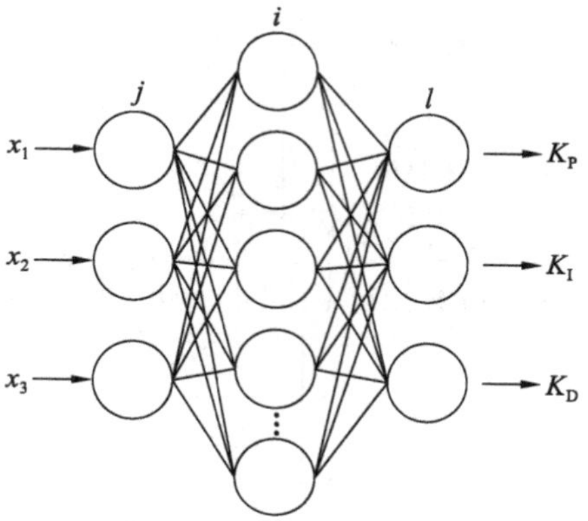

图 4-9　三层 BP 网络结构图

由于输出的三个参数 K_P, K_I, K_D 都是正值，所以输出层神经元的激发函数表达式为

$$g(x)=\frac{1}{2}\tan h(x)=\frac{e^x}{e^x+e^{-x}} \tag{4-33}$$

隐含层神经元个数综合考虑取 5，隐含层神经元的激发函数表达式为

$$f(x)=\tan h(x)=\frac{e^x-e^{-x}}{e^x+e^{-x}} \tag{4-34}$$

定义误差函数为

$$E(k)=\frac{1}{2}[r(k)-y(k)]^2 \tag{4-35}$$

网络输入层的输入为

$$O_j^{(1)}=x_j,\ j=1,2,\cdots,m \tag{4-36}$$

式中，在这里取 $m=3$。

网络隐含层的输入、输出为

$$net_i^{(2)}(k)=\sum_{j=1}^{m}w_{ij}^{(2)}O_j^{(1)}\ (w_{ij}\ \text{为隐层权系数})$$

$$O_i^{(2)}(k)=f(net_i^{(2)}(k)),\ i=1,2,\cdots,Q \tag{4-37}$$

式中，$Q=5$。网络输出层的输入输出为

$$\begin{aligned}
net_l^{(3)}(k) &= \sum_{i=1}^{Q} w_{li}^{(3)} O_i^{(2)}(k) \\
O_l^{(3)}(k) &= g(net_l^{(3)}(k)),\ l=1,2,3 \\
O_1^{(3)}(k) &= K_P \\
O_2^{(3)}(k) &= K_I \\
O_3^{(3)}(k) &= K_D
\end{aligned} \tag{4-38}$$

输出层输出的三个参数为 K_P, K_I, K_D。

利用梯度法调整连接权系数的大小，先计算 $E(k)$ 对寻优参数的一阶导数，再加上一个能快速收敛的动量项，即

$$\frac{\partial E(k)}{\partial w_{li}^{(3)}}=\frac{\partial E(k)}{\partial y(k)}\cdot\frac{\partial y(k)}{\partial u(k)}\cdot\frac{\partial u(k)}{\partial O_l^{(3)}(k)}\cdot\frac{\partial O_l^{(3)}(k)}{\partial net_l^{(3)}(k)}\cdot\frac{\partial net_l^{(3)}(k)}{\partial w_{li}^{(3)}(k)} \tag{4-39}$$

$$\frac{\partial net_l^{(3)}(k)}{\partial w_{li}^{(3)}(k)}=O_i^{(2)}(k) \tag{4-40}$$

从式 4-33 和式 4-39 可以得到

$$\frac{\partial u(k)}{\partial O_1^{(3)}(k)}=e(k)-e(k-1) \tag{4-41}$$

$$\frac{\partial u(k)}{\partial O_2^{(3)}(k)}=e(k) \tag{4-42}$$

$$\frac{\partial u(k)}{\partial O_3^{(3)}(k)}=e(k)-2e(k-1)+e(k-2) \tag{4-43}$$

从上述公式推导中可以得到输出层权的学习算法为

$$\begin{aligned}
\Delta w_{li}^{(3)}(k) &= \alpha\Delta w_{lt}^{(3)}(k-1)+\eta\delta_l^{(3)}O_j^{(2)}(k) \\
\delta_l^{(3)} &= e(k)\,\mathrm{sgn}\left(\frac{\partial y(k)}{\partial u(k)}\right)\frac{\partial u(k)}{\partial O_l^{(3)}(k)}g'(net_l^{(3)}(k)),\ l=1,2,3
\end{aligned} \tag{4-44}$$

同样我们也可以得到隐含层权系数的学习算法为

$$\Delta w_{lj}^{(2)}(k)=\alpha\Delta w_{lj}^{(2)}(k-1)+\eta\delta_i^{(2)}O_j^{(1)}(k) \tag{4-45}$$

$$\delta_i^{(2)} = f'(net_i^{(2)}(k))\sum_{i=1}^{3}\delta_l^{(3)}w_{li}^{(3)}(k),\ i = 1,2,\cdots,Q \quad (4\text{-}46)$$

4.3.4 被控对象神经网络辨识器

由于式(4-39)中$\frac{\partial y}{\partial u}$未知,所以需要加入被控对象神经网络辨识器(MNN)来对控制对象模型进行辨识。

1. 被控对象神经网络辨识器的结构

被控对象神经网络辨识器(MNN)的结构如图4-10所示。网络各层输入输出关系如下。

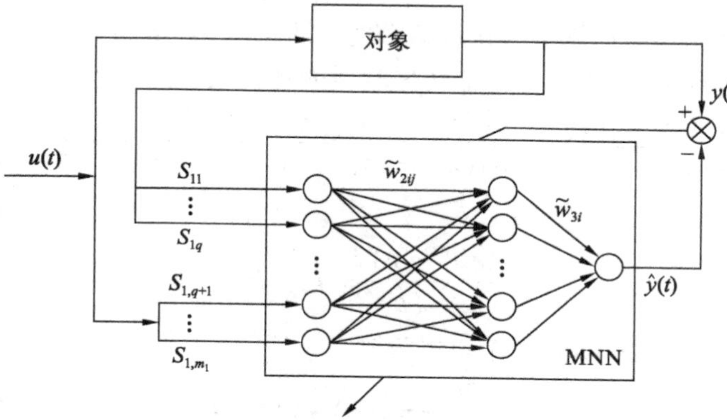

图4-10 MNN的结构图

输入层:$S_{1j} = \begin{cases} y(k-j+1), & 1\leqslant j\leqslant q, \\ u(k-j+q+1), & q+1\leqslant j\leqslant m_1, \end{cases}$ m_1为输入层节点数。

隐含层:$net_{2i} = \sum_{j=1}^{m_1}\tilde{w}_{2ij}S_{1j} + \tilde{\theta}_{2i},\ i = 1,2,\cdots,m_2$

$$net_3 = \sum_{i=1}^{m_2}\tilde{w}_{3i}S_{2i} + \tilde{\theta}_3,\ i = 1,2,\cdots,m_2$$

m_2为隐层节点数。

输出层:$net_3 = \sum_{i=1}^{m_2}\tilde{w}_{3i}S_{2i} + \tilde{\theta}_3, \hat{y} = \frac{\tilde{a}(1 - e^{-net_3})}{1 + e^{-net_3}}$ (4-47)

2. 被控对象神经网络辨识器学习算法

定义误差代价函数为

$$E = \frac{1}{2}(y - \hat{y}^2)$$

利用误差反传算法(BP),可得

$$\tilde{w}_{2ij}(k+1) = \tilde{w}_{2ij}(k) - \tilde{\eta}\frac{\partial E}{\partial \tilde{w}_{2ij}} + \tilde{\beta}\Delta\tilde{w}_{2ij}(k) \tag{4-48}$$

$$\tilde{w}_{3i}(k+1) = \tilde{w}_{3i}(k) - \tilde{\eta}\frac{\partial E}{\partial \tilde{w}_{3i}} + \tilde{\beta}\Delta\tilde{w}_{3i}(k) \tag{4-49}$$

$$\tilde{\theta}_{2i}(k+1) = \tilde{\theta}_{2i}(k) - \tilde{\eta}\frac{\partial E}{\partial \tilde{\theta}_{2i}} + \tilde{\beta}\Delta\tilde{\theta}_{2i}(k) \tag{4-50}$$

$$\tilde{\theta}_{3}(k+1) = \tilde{\theta}_{3}(k) - \tilde{\eta}\frac{\partial E}{\partial \tilde{\theta}_{3}} + \tilde{\beta}\Delta\tilde{\theta}_{3}(k) \tag{4-51}$$

$$\tilde{a}(k+1) = \tilde{a}(k) - \tilde{\eta}\frac{\partial E}{\partial \tilde{a}} + \tilde{\beta}\Delta\tilde{a}(k) \tag{4-52}$$

$$\frac{\partial E}{\partial \tilde{w}_{2ij}} = \frac{\partial E}{\partial \hat{y}}\frac{\partial \hat{y}}{\partial net_3}\frac{\partial net_3}{\partial S_{2i}}\frac{\partial S_{2i}}{\partial net_{2i}}\frac{\partial net_{2i}}{\partial \tilde{w}_{2ij}} = -(y - \hat{y})\delta_3\tilde{w}_{3i}\delta_{2i}S_{1j} \tag{4-53}$$

$$\frac{\partial E}{\partial \tilde{w}_{3i}} = \frac{\partial E}{\partial \hat{y}}\frac{\partial \hat{y}}{\partial net_3}\frac{\partial net_3}{\partial \tilde{w}_{3ij}} = -(y - \hat{y})\delta_3 S_{2i} \tag{4-54}$$

$$\frac{\partial E}{\partial \tilde{\theta}_{2i}} = \frac{\partial E}{\partial \hat{y}}\frac{\partial \hat{y}}{\partial net_3}\frac{\partial net_3}{\partial S_{2i}}\frac{\partial S_{2i}}{\partial net_{2i}}\frac{\partial net_{2i}}{\partial \tilde{\theta}_{2ii}} = -(y - \hat{y})\delta_3\tilde{w}_{3i}\delta_{2i} \tag{4-55}$$

$$\frac{\partial E}{\partial \tilde{\theta}_{3}} = \frac{\partial E}{\partial \hat{y}}\frac{\partial \hat{y}}{\partial net_3}\frac{\partial net_3}{\partial \tilde{\theta}_{3}} = -(y - \hat{y})\delta_3 \tag{4-56}$$

$$\frac{\partial E}{\partial \tilde{a}} = \frac{\partial E}{\partial \hat{y}}\frac{\partial \hat{y}}{\partial \tilde{a}} = -(y - \hat{y})\frac{1 - e^{-net_3}}{1 + e^{-net_3}} = -(y - \hat{y})\frac{\hat{y}}{\tilde{a}} \tag{4-57}$$

这里，

$$\delta_3 = \frac{\partial \hat{y}}{\partial net_3} = \frac{1}{2}\tilde{a}\left(1 - \frac{\hat{y}}{\tilde{a}}\right)\left(1 + \frac{\hat{y}}{\tilde{a}}\right) \tag{4-58}$$

$$\delta_{2i} = \frac{\partial S_{2i}}{\partial net_{2i}} = \frac{1}{2}(1 - S_{2i})(1 + S_{2i}) \tag{4-59}$$

在训练完 MNN 网络后,我们可得到 $\hat{y} \approx y$,则

$$\frac{\partial y}{\partial u^*} \approx \frac{\partial \hat{y}}{\partial u^*} = \frac{\partial \hat{y}}{\partial net_3}\sum_{i=1}^{m_2}\frac{\partial net_3}{\partial S_{2i}}\frac{\partial S_{2i}}{\partial net_2}\frac{\partial net_2}{\partial S_{1,q+1}}\frac{\partial S_{1,q+1}}{\partial u^*}$$

$$= \delta_3 K_3 \sum_{i=1}^{m_2} \tilde{w}_{3i} \delta_{2i} \tilde{w}_{2i,q+1} \tag{4-60}$$

4.3.5 BP－PID 控制器算法的步骤

(1) 确定 BP 网络的结构，给出各层权系数的初值 $W_{ij}^{(1)}(0)$ 和 $W_{ij}^{(2)}(0)$，并确定学习率 α。

(2) 计算误差 $e(k) = r(k) - y(k)$。

(3) 计算 BP－PID 控制器的输出参数 K_P, K_I, K_D。

(4) 根据公式计算的输出 $u(k)$。

(5) 通过 BP 算法不断修正连接权系数 $W_{ij}^{(1)}$ 和 $W_{li}^{(2)}(k)$，使误差函数 E 达到最小。

(6) 置 $k = k + 1$，返回到(1)。

其程序设计流程图如图 4-11 所示。

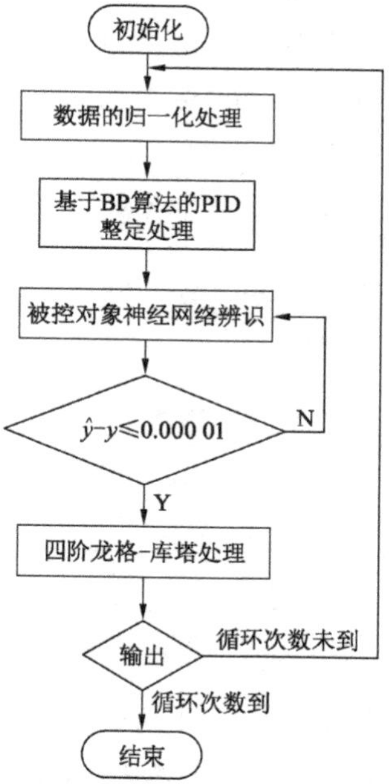

图 4-11 程序设计流程图

注：误差设定值在后面的程序中有说明(此处误差设定值为 0.000 01)。

整个程序设计中是以神经网络 PID 控制器为核心，经过参数整定和调节使药罐温度迅速达到实际要求。

4.3.6　归一化的方法

由于神经网络 PID 控制器输入数据量纲不统一，系统仿真时的响应曲线可能是发散的，所以必须对三个输入量进行归一化处理。归一化一般采用下面三种函数的处理方法：

① $y = \dfrac{x - min}{max - min}$　　(4-61)

② $y = \lg x$　　(4-62)

③ $y = \dfrac{2\arctan x}{\pi}$（$x$,$y$ 分别为转换前、后的值）　　(4-63)

对于神经网络来说，归一化的目的在于取消量纲。由于每次调整权值都是有限制的，归一化后调整权值更为方便。在实际控制过程中，为了避免学习速度慢问题的出现，要加快网络的学习速度，所以对样本的输出需归一化处理。由于输入信号的数据是正值，于是将三个输入信号归一化 0 ~ 1。

本次程序设计中对神经网络 PID 控制采用的是第一种函数来进行归一化处理，三个输入量根据采样时间的变化而变化，对同一时刻的三个输入量进行归一化处理。

4.4　仿真结果

通过 MATLAB 编程实现对经典 PID 控制和神经网络 PID 控制的系统仿真。

4.4.1　经典 PID 控制仿真结果

在 PID 参数整定过程中需要用到凑试法，凑试法是通过软件仿真和模拟，观察系统的响应曲线，然后反复凑试 T_D,T_I,K_P 三个参数，直至出现满意的响应曲线，从而完成 PID 参数的整定。整定的基本步骤如下。

（1）一般来说，先调整 K_P 的大小，并观察相应的响应曲线，直到看到符合控制要求的曲线。

(2) 如果经过步骤(1)得不到控制要求,则需要加入积分环节。先把积分时间设定到一个比较大的值,再把比例系统调小点,接着减小积分时间,直到静差消除。

(3) 如果上述步骤仍然得不到满意的曲线,则可以加入微分环节。先把 T_D 置为0,然后逐渐加大 T_D;若仍然得不到控制要求,再相应的改变 K_P 和 T_I,直到符合控制要求。

由于 T_1 是小惯性环节,T_2 是大惯性环节,所以 T_1 要远小于 T_2。因此取 $K=0.001$,$T_1=0.02$,$T_2=0.8$。由于医药制造需要满足一定的温度条件,给定信号要达到 80 ℃的恒温。采样时间选择 0.04 min。最终得到比较合适的三个参数为:$K_P=10$,$T_I=8$,$T_D=0.6$。通过 MATLAB 进行仿真得到如图 4-12 所示的曲线。

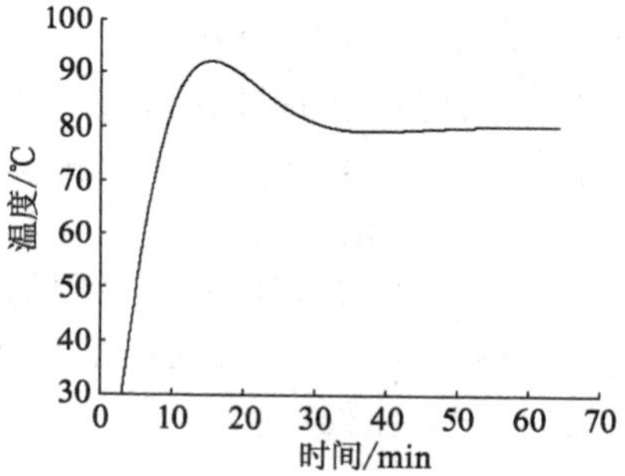

图 4-12 经典 PID 控制响应曲线

由图 4-12 可知,该曲线满足"被控温度上升时间≤30 min,稳态误差 $=0.044\leqslant 0.5\%\ T_{设定}=0.4$,这两个符合系统控制要求。但是超调量为

$$\frac{91.947-80.000}{80.000}\times 100\% = 14.93\%$$

大于系统要求的超调量 $\sigma_{max}\%\leqslant 2\%$。

经典 PID 控制方法的误差控制曲线如图 4-13 所示。

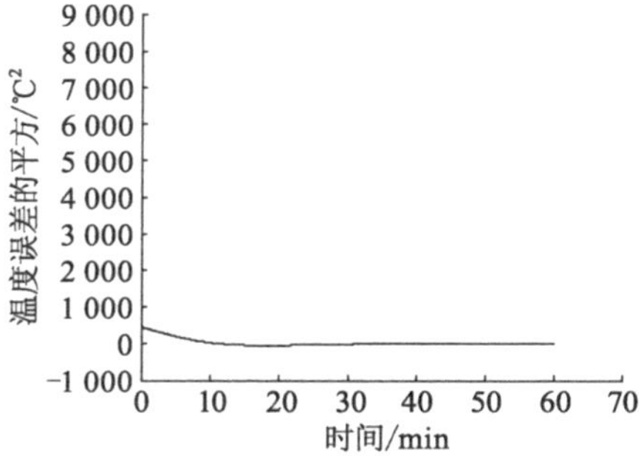

图 4-13　经典 PID 控制误差曲线

4.4.2　BP－PID 控制仿真结果

图 4-14 是使用 BP－PID 控制进行的仿真结果。系统要求和前面一样，给定信号要达到 80 ℃的恒温，采样时间选择 0.04 min。

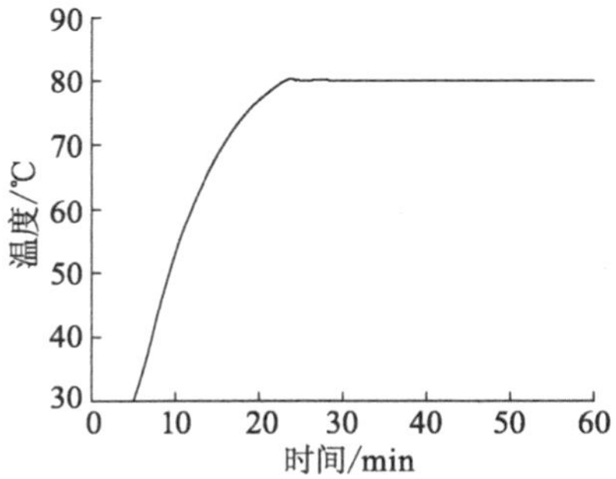

图 4-14　BP－PID 控制响应曲线

由图 4-14 可知，被控温度上升时间 ≤30 min，稳态误差 = $0.013 \leqslant 0.5\% T_{设定} = 0.4$，超调量为

$$\frac{80.043-80.000}{80.00} \times 100\% = 0.054\% \leqslant 2\%$$

均符合系统控制要求。神经网络 PID 控制的误差变化曲线如图 4-15 所示。

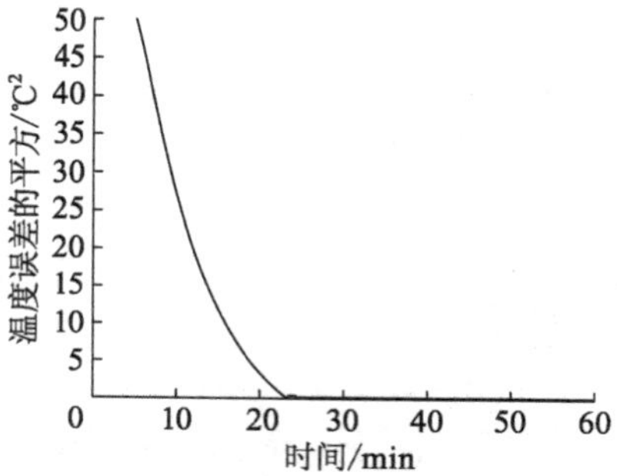

图 4-15　BP－PID 控制误差变化曲线

4.4.3　仿真结果比较

利用 MATLAB 把经典 PID 控制和 BP－PID 控制仿真得到的曲线放在同一张图中进行对比，这样就能很直观地看出两种方法控制的效果，如图 4-16 所示。

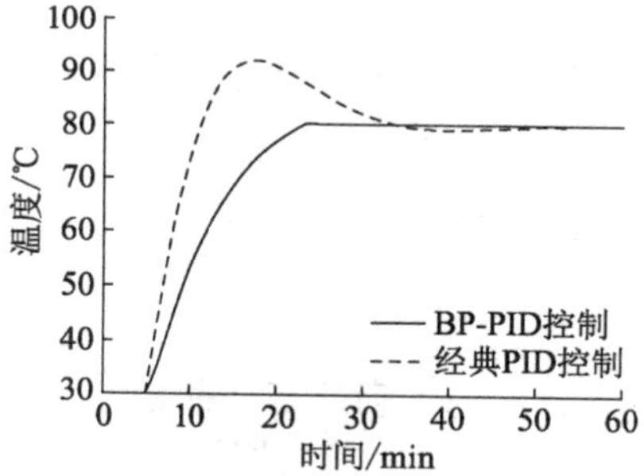

图 4-16　经典 PID 控制和 BP－PID 控制的响应曲线对比图

从图中可以看出 BP－PID 控制的超调量、稳态误差等要明显好于经典 PID 控制。

通过仿真结果可以得出以下几点结论：

（1）神经网络 PID 的超调量要比经典 PID 小得多，得到的控制性能也要优于经典 PID。

（2）从两种控制方法的控制误差变化曲线来看，神经网络 PID 误差的减小速度要比经典 PID 要快得多。所以神经网络 PID 得到的性能指标更加精确。

第 5 章　模糊神经网络控制器的优化设计

传统控制理论适用于对可以被精确描述的被控对象进行控制,对于动态特性难以描述的复杂非线性被控对象则很难实现良好的控制。而模糊控制与神经网络相结合构成的模糊神经网络控制器(FNC),既具有模糊控制知识表达容易,又有神经网络自学习能力强的优点。它不依赖于被控对象精确的数学模型,并能根据被控对象参数的变化和环境的变化自适应地调节控制规则和控制器的参数。因此,模糊神经网络控制器适用于具有复杂动态性能的过程系统。

但模糊神经网络控制器一般存在在线修正权值计算量大、训练时间长,权值过度修正容易导致系统剧烈振荡等缺点,大大限制了模糊神经网络控制器的实际应用。针对这些存在的问题,本章提出了两种模糊神经网络控制器的优化方法:① 在在线自学习过程中,仅对控制性能影响大的控制规则所对应的权值进行修正,以减小计算量,加快训练速度。② 根据偏差及偏差变化率大小采用 T－S 模型自适应修正步长,抑制控制器输出的剧烈变化,避免系统发生剧烈振荡,以获得更好的系统性能。

5.1　模糊神经网络控制系统

5.1.1　复杂过程的模糊神经网络控制结构

模糊神经网络控制系统(结构如图 5-1 所示)包括模糊神经网络控制器(FNC)、被控对象神经网络辨识器(MNN)、BP 学习算法及被控对象。FNC 的输入变量经过模糊推理得到模糊神经网络控制器的输出为控制量 u。辨识器神经网络的输入变量为前一个时刻的系统输出值和控制量输出值,输出变量为 y 的近似值 $\hat{y}$。该辨识器用来逼近输出 y,同时由其提供被控对象输出对输入的导数信息。下面一一介绍各个部分的组成结构。

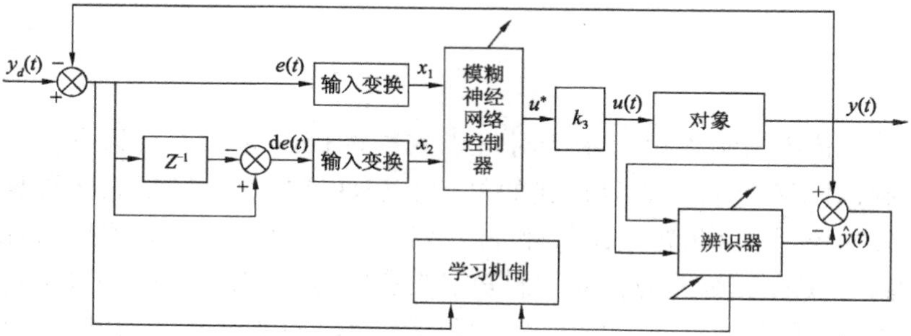

图 5-1　模糊神经网络系统结构图

5.1.2　模糊神经网络控制器的结构

模糊神经网络控制器(FNC)的结构如图 5-2 所示。

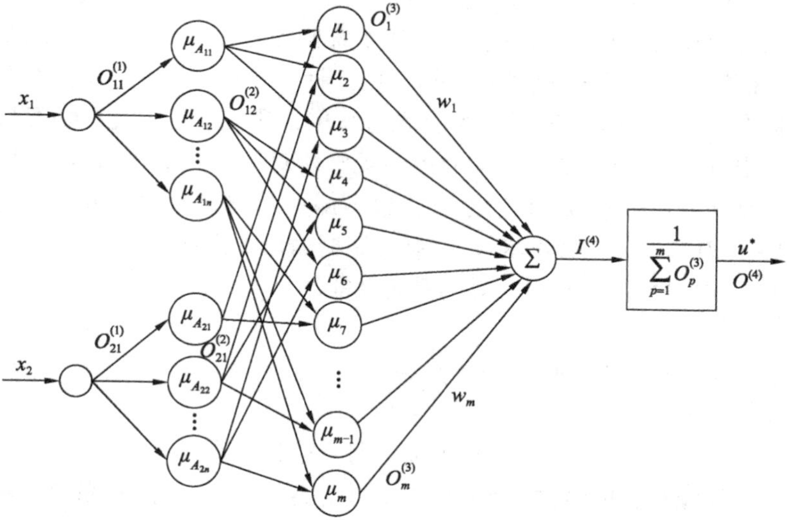

图 5-2　模糊神经网络控制器结构示意图

该网络由四层组成,实现了一个简化 T-S 模糊推理系统。它融合了传统模糊逻辑控制器(FLC)的基本元素和功能:在连接结构中融入了隶属函数、模糊规则、模糊化、清晰化的功能。因此它能够通过学习自动地调节隶属函数和模糊控制规则。FNC 控制器的输入变量是 x_1 和 x_2,它们是由误差 e 和误差变化率 de 经过变换函数得来的,即

$$\begin{cases} x_1 = [1-\exp(-\alpha_1 e)]/[1+\exp(-\alpha_1 e)] \\ x_2 = [1-\exp(-\alpha_2 e)]/[1+\exp(-\alpha_2 e)] \end{cases} \tag{5-1}$$

其值被限制在区间[-1,1]上。各层结点的输入输出关系如图 5-2 所示。

(1) 第一层:输入层。

该层的输入变量为变换后的误差及误差变化率信号 x_1 和 x_2,作用是将这两个变量值传递给下一层网络,可以用下列表达式表示输入层节点的输入、输出关系:

输入:$I_i^{(1)} = x_i,\ i=1,2$

输出:$O_{ij}^{(1)} = I_i^{(1)},\ i=1,2;\ j=1,2\cdots,n$($n$ 是误差和误差变化的模糊变量的个数)

(2) 第二层:语言变量层。

该层结点接受输入层的信号并用高斯函数作为隶属函数来划分输入信号的分布。该层的输入输出关系如下:

输入:$I_{ij}^{(2)} = -\dfrac{(O_{ij}^{(1)} - a_{ij})^2}{b_{ij}^2},\ i=1,2;\ j=1,2,\cdots,n$

输出:$O_{ij}^{(2)} = \mu_{A_{ij}} = \exp(I_{ij}^{(2)}),i=1,2;\ j=1,2,\cdots,n$

其中 a_{ij} 与 b_{ij} 分别为高斯函数的中心值及宽度值参数。

(3) 第三层:模糊规则层。

该层的每个结点代表一条规则,该层结点的连接规则为两个语言变量的语言值之间两两相连。输入输出关系如下:

输入:$I_{(j-1)n+l}^{(3)} = O_{1j}^{(2)}\ O_{2l}^{(2)},j=1,2,\cdots,n;\ l=1,2,\cdots,n$

输出:$O_i^{(3)} = \mu_i = I_i^{(3)},\ i=1,2,\cdots,m\ (=n^2)$

（4）第四层：输出层。

所有规则层结点均与该层结点连接，完成解模糊，每个连接权代表该条规则输出隶属函数的中心值，输入输出关系如下：

输入：$I^{(4)} = \sum_{p=1}^{m} O_p^{(3)} w_p$

输出：$O^{(4)} = u^* = \dfrac{I^{(4)}}{\sum_{p=1}^{m} O_p^{(3)}}$

5.1.3 模糊神经网络控制器参数的学习算法

上述模糊神经网络结构实现了模糊系统的神经网络化，按照一定的学习算法可调节隶属函数的中心值（a_{ij}）、宽度值（b_{ij}）及输出层的连接权值（w_j）。学习算法采用 BP 算法。定义误差代价函数为

$$E = \frac{1}{2}(y_d - y)^2$$

可得学习算法如下：

$$w_v(k+1) = w_v(k) - \eta \frac{\partial E}{\partial w_v} + \beta \Delta w_v(k) \tag{5-2}$$

$$a_{ij}(k+1) = a_{ij}(k) - \eta \frac{\partial E}{\partial a_{ij}} + \beta \Delta a_{ij}(k) \tag{5-3}$$

$$b_{ij}(k+1) = b_{ij}(k) - \eta \frac{\partial E}{\partial b_{ij}} + \beta \Delta b_{ij}(k) \tag{5-4}$$

式中，$v = 1, 2, \cdots, m$；$i = 1, 2$；$j = 1, 2, \cdots, n$；$m = n^2$；η 为修正步长；β 为动量项因子。这里，

$$\Delta \chi(k) \equiv \chi(k) - \chi(k-1)$$

根据网络的输入输出关系可得：

$$\frac{\partial E}{\partial w_v} = \frac{\partial E}{\partial y} \frac{\partial y}{\partial u^*} \frac{\partial u^*}{\partial w_v} = -(y_d - y) \frac{\partial y}{\partial u^*} \frac{O_j^{(3)}}{\sum_{p=1}^{m} O_p^{(3)}} \tag{5-5}$$

$$\frac{\partial E}{\partial a_{1j}} = \frac{\partial E}{\partial y} \frac{\partial y}{\partial u^*} \sum_{l=1}^{n} \frac{\partial u^*}{\partial O_{(j-1)n+l}^{(3)}} \frac{\partial O_{(j-1)n+l}^{(3)}}{\partial O_{1j}^{(2)}} \frac{\partial I_{1j}^{(2)}}{\partial a_{1j}}, j = 1, 2, \cdots, n;\ m = n^2 \tag{5-6}$$

$$= -(y_d - y)\frac{\partial y}{\partial u^*}\left\{\sum_{l=1}^{n}\left[\frac{w_{(j-1)n+l}\sum_{p=1}^{m}O_p^{(3)} - \sum_{p=1}^{m}O_p^{(3)}w_P}{\left(\sum_{p=1}^{m}O_p^{(3)}\right)^2}\right]O_{2l}^{(2)}\right\}\frac{\partial O_{1j}^{(2)}}{\partial a_{1j}}$$

$$= -(y_d - y)\frac{\partial y}{\partial u^*}\left\{\sum_{l=1}^{n}\left[\frac{w_{(j-1)n+l}\sum_{p=1}^{m}O_p^{(3)} - \sum_{p=1}^{m}O_p^{(3)}w_P}{\left(\sum_{p=1}^{m}O_p^{(3)}\right)^2}\right]O_{2l}^{(2)}\right\}O_{1j}^{(2)}\frac{2(O_{1j}^{(1)} - a_{1j})}{b_{1j}^2}$$

$$= -(y_d - y)\frac{\partial y}{\partial u^*}\frac{2(O_{1j-}^{(1)}a_{1j})O_{1j}^{(2)}}{b_{1j}^2\left(\sum_{p=1}^{m}O_p^{(3)}\right)^2}\sum_{l=1}^{n}O_{2l}^{(2)}\left(w_{(j-1)n+1}\sum_{p=1}^{m}O_p^{(3)} - \sum_{p=1}^{m}O_p^{(3)}w_p\right)$$

同理可得

$$\frac{\partial E}{\partial b_{1j}} = -(y_d - y)\frac{\partial y}{\partial u^*}\frac{2(O_{1j-}^{(1)}a_{1j})O_{1j}^{(2)}}{b_{1j}^3\left(\sum_{p=1}^{m}O_p^{(3)}\right)^2}\sum_{l=1}^{n}O_{2l}^{(2)}\left(w_{(j-1)n+1}\sum_{p=1}^{m}O_p^{(3)} - \sum_{p=1}^{m}O_p^{(3)}w_p\right) \tag{5-7}$$

$$\frac{\partial E}{\partial a_{2j}} = -(y_d - y)\frac{\partial y}{\partial u^*}\frac{2(O_{2j-}^{(1)}a_{2j})O_{2j}^{(2)}}{b_{2j}^2\left(\sum_{p=1}^{m}O_p^{(3)}\right)^2}\sum_{l=1}^{n}O_{1l}^{(2)}\left(w_{(l-1)n+j}\sum_{p=1}^{m}O_p^{(3)} - \sum_{P=1}^{m}O_p^{(3)}w_p\right) \tag{5-8}$$

$$\frac{\partial E}{\partial b_{2j}} = -(y_d - y)\frac{\partial y}{\partial u^*}\frac{2(O_{2j-}^{(1)}a_{2j})O_{2j}^{(2)}}{b_{2j}^3\left(\sum_{p=1}^{m}O_p^{(3)}\right)^2}\sum_{l=1}^{n}O_{1l}^{(2)}\left(w_{(l-1)n+j}\sum_{p=1}^{m}O_p^{(3)} - \sum_{p=1}^{m}O_p^{(3)}w_p\right) \tag{5-9}$$

这里，$j = 1, 2, \cdots, n; m = n^2$。

以上各式中均含有$\frac{\partial y}{\partial u^*}$这一项，即系统输出量对控制量的梯度信号。

由于被控对象是未知的，因此该信息不能直接得到，本书采用前馈神经网络进行在线辨识。

被控对象神经网络辨识器(MNN)的结构参见图 4-10。网络各层输入输出关系及参数学习算法在 4. 3. 4 中已详细叙述，在此不再重复。

5.2 模糊神经网络控制器的优化

5.2.1 FNN 权值修正计算的优化

模糊神经网络的控制规则存储在规则层(第三层),误差及误差变化律经隶属函数分割后,只有少数几个语言值的隶属函数具有较大的值,其他的隶属度都很小(如0.05),可近似为零。这样规则层的大多数节点输出可近似为零,因此只有少量控制规则被启动而影响控制器的输出。但是,通常模糊神经网络控制器在反向修正权值时,不论规则对系统控制量是否有影响,对所有的连接权值都进行修正计算,计算量非常大,影响了控制器的实时性。本章提出只对与被启动规则相关的权值及隶属函数参数进行修正,即将模糊神经网络控制器(见图5-2)的第三层输出 $O_m^{(3)}$ 与阈值0.02相比较,若 $O_m^{(3)}<0.02$,则在反向修正计算时,与该结点相连的权值 w_m 和与之相连的第二层的结点对应的隶属函数参数均不进行修正计算,从而大大地减小了计算量,加快了训练速度,提高了控制器的实时性。

5.2.2 基于T-S模型的FNC修正步长的动态优化

1. T-S模型简介

1985年日本高木(Takagi)和杉野(Sugeno)提出了一种动态系统的模糊模型辨识方法,此模型一般简称为T-S模型。这种基于语言规则描述的模型第 i 条规则可以写成:

R^i: If x_1 is A_1^i, x_2 is A_2^i, $\cdots$, x_n is A_n^i

$$\text{Then}\quad y^i=b_0^i+b_1^i x_1+b_2^i x_2+\cdots+b_n^i x_n \tag{5-10}$$

其中,x_j 是第 j 个输入变量;n 是输入变量的数量;A_j^i 是一个模糊子集,其隶属函数中的参数称为前提参数;y^i 是第 i 条规则的输出;b_j^i 为结论参数。模糊子集的隶属函数取作分段线性构成的凸集。

T-S模糊模型的特点是规则的前件采用模糊量形式 A_j^i,后件却采用精确量线性集结的形式,同一般模糊模型相比,更有利于信息的系统化表示和运算。对于单一的规则,T-S模型表现为局部区域的一个线性映射,但随着多个规则间的互相重叠,T-S 模型实现了一种非线性映射。

2. 采用 T-S 模型的原因

权值的修正步长对神经网络的性能有着重要的影响:若 η 选得过小,则学习速度大大下降;若选得过大,则可能出现过度修正导致振荡。特别是对模糊神经网络控制系统,修正步长选择不合适可能导致系统响应太慢或造成系统剧烈振荡。若能根据系统的响应不断地调节修正步长,则可提高系统的品质,防止出现由于过度修正导致系统剧烈振荡。在系统响应过程中,误差与误差的变化是不断改变的,即在训练 FNN 网络时,误差(e)和误差变化(de)的模糊变量隶属函数的中心值和宽度值是不断变化的。而 T-S 模型具有形式简单、计算方便等优点,可以及时反映误差和误差变化对于修正步长的影响,有利于实现修正步长的动态调整。而且,当系统参数发生变化时,调整 T-S 模型的参数来保持系统良好性能也较容易。因此,对于规则的实现本书采用 T-S 模糊模型。

针对本系统,根据公式(5-10),权值修正步长 η 采用如下模糊蕴含式:

R^i: If　e is A_1^i, de is A_2^i

$$\text{Then}\quad \eta^i = b_0 + b_1|e| + b_2|\mathrm{de}| \tag{5-11}$$

然后采用重心法解模糊机制得

$$\eta = \frac{\sum_{i=1}^{m} \eta^i \alpha^i}{\sum_{i=1}^{m} \alpha^i} \tag{5-12}$$

式中,$\alpha^i = \mu_{A_1^i}(e)\mu_{A_2^i}(\mathrm{de})$;$m$ 为规则的数目。

5.3 仿真研究

5.3.1 控制对象及控制目标

以开环不稳定非线性 CSTR(Continuous Stirred - Tank Reactor) -

连续搅动水箱式反应堆为被控对象,采用四阶龙格－库塔法进行仿真。CSTR 的动态方程描述如下:

$$\begin{cases}\dot{x}_1 = -x_1 + D_a(1-x_1)\exp\left(\dfrac{x_2}{1+x_2/\varphi}\right)\\ \dot{x}_2 = -(1+\delta)x_2 + BD_a(1-x_1)\exp\left(\dfrac{x_2}{1+x_2/\varphi}\right) + \delta u\\ y = x_2\end{cases} \tag{5-13}$$

式中,x_1,x_2 分别表示无量纲反应物浓度和反应堆温度,控制输出 u 为无量纲冷却套的温度。CSTR 模型方程的物理参数 D_a,φ,B,δ 分别对应 Damkhler 常数、激活能量、反应热及热传递系数,且 $D_a = 0.072$,$\varphi = 20$,$B = 8$,$\delta = 0.3$。开环 CSTR 存在三个稳定状态:$(x_1, x_2)_A = (0.144, 0.886)$,$(x_1, x_2)_B = (0.445, 2.750)$,$(x_1, x_2)_C = (0.165, 4.705)$,其中$(x_1, x_2)_A$ 和$(x_1, x_2)_C$ 两个状态是稳定的,而状态$(x_1, x_2)_B$ 是不稳定的。控制目标是使 CSTR 从稳定平衡点$(x_1, x_2)_A$ 过渡到非稳定状态$(x_1, x_2)_B$。

e 和 de 各有 7 个模糊变量,定义为{NB,NM,NS,ZE,PS,PM,PB}。e 和 de 的隶属函数参数的初始值通常设为

$$[a_{i1}(0), a_{i2}(0), \cdots, a_{i7}(0)] = \left[-1, -\frac{2}{3}, -\frac{1}{3}, 0, \frac{1}{3}, \frac{2}{3}, 1\right]$$

$$b_{ij}(0) = 0.25$$

其中,$i = 1, 2$;$j = 1, 2, \cdots, 7$。变换函数表达式(5-1)中 $\alpha_1 = 10$,$\alpha_2 = 0.01$。MNN 网络中,$\beta = 0$,$k = 5$,$q = 2$,$m_1 = 4$,$m_2 = 4$,$\tilde{w}_{2ij}$,$\tilde{w}_{3i}$,$\tilde{\theta}_{2i}$,$\tilde{\theta}_3$ 的初始值取为$[-1, 1]$之间的随机数,$\tilde{a}(0) = 1$,$\tilde{\eta} = 0.3$,$\tilde{\beta} = 0.01$。采样时间为 0.1 min。

5.3.2 基于数值优化计算的 FNC 仿真

先固定 FNC 修正步长,取固定修正步长 $\eta = 0.8$,得出权值全部调整与部分调整响应曲线比较结果(见图 5-3)。仿真结果表明,用部分调整权值来减少计算量,加快训练速度的方法是可行的,系统的性能几乎与全部调整权值没有差别。在仿真过程中,我们还发现,当固定修正步长取得较小时(0.8),两者差别不大;而当固定

步长取得较大时（$\eta=3$），两者差别就相当大。图 5-4 显示了两者的显著差别，取 $\eta=3$。仿真结果表明，所采取的优化方法提高了系统的鲁棒性，即固定修正步长变化较大时，系统仍能保持较好的性能。以下的所有仿真结果都是在采用部分调整权值基础上进行的。

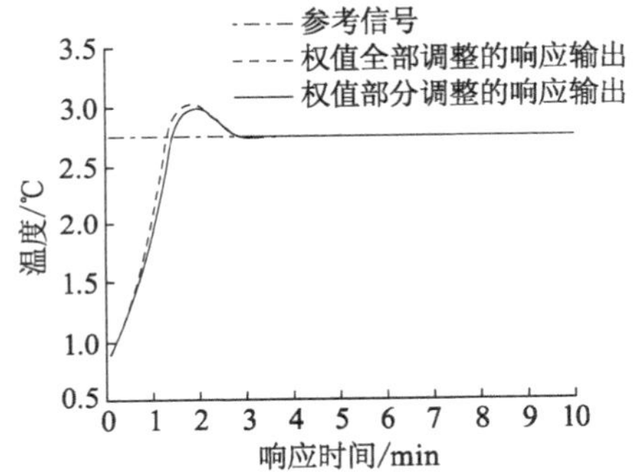

图 5-3　权值全部调整与部分调整响应输出结果比较

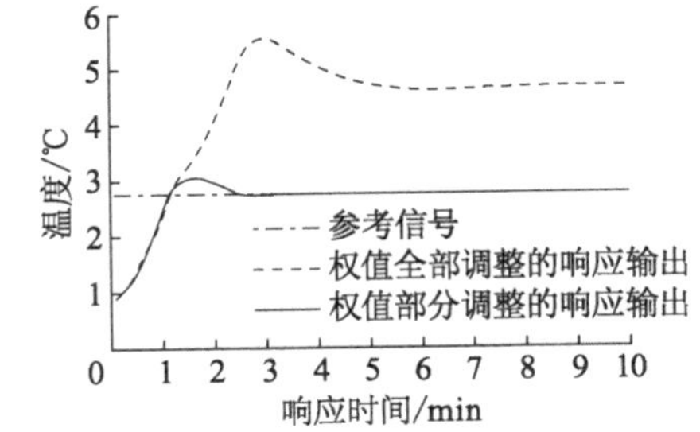

图 5-4　修正步长较大时权值全部调整与部分调整响应结果比较

5.3.3　基于 T－S 模型修正步长动态优化的 FNC 仿真

T－S 模型中，$b_1=1$，$b_2=1$。b_0 的值选择如下：If e = NB or PB，$b_0=6$；If e = NM or PM，$b_0=4$；If e = NS or PS，$b_0=2$。由于响应后期误差和误差变化均接近于零，如果步长太小，影响收敛速度，因此，If e = ZE，$b_0=6$。e 和 de 的论域均为（0，4）。图 5-5 为 T－S 模型动态调整步长与固定修正步长响应结果比较图。图 5-6 为约束控制

量输出 u 时 T－S 模型调整步长与步长响应结果比较图，u 的约束范围为[－2,2]。

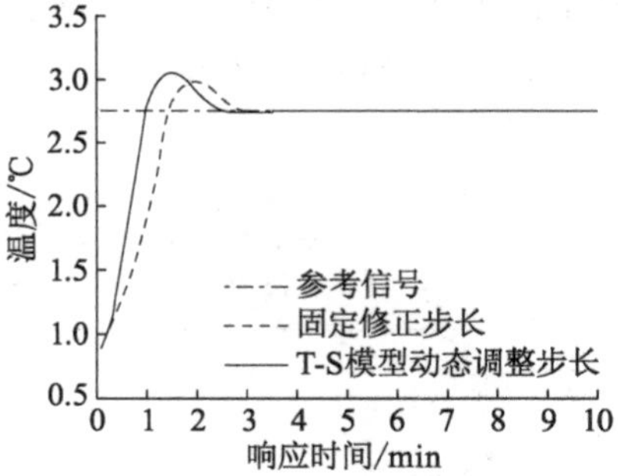

图 5-5　T－S 模型动态调整步长与固定修正步长响应结果比较图

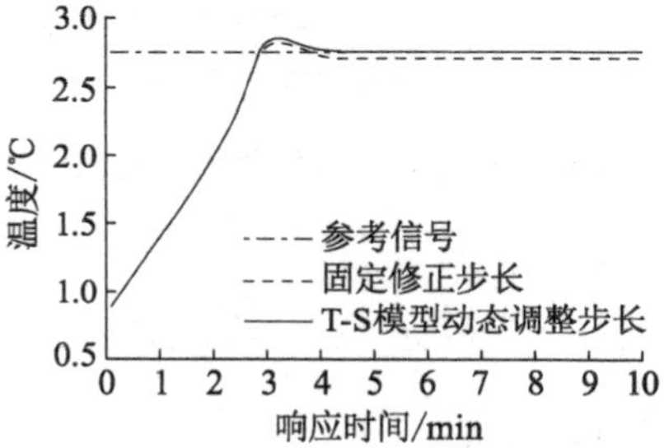

图 5-6　约束控制量输出 u 时 T－S 模型调整步长与固定修正步长响应结果比较

从仿真结果来看，T－S 模型动态调整修正步长的方法与固定修正步长的方法相比，系统反应时间要稍短些。如果限制控制量输出 $u \in [-2,2]$，用 T－S 模型动态调整步长的系统仍然能获得较好的性能，而固定修正步长的系统性能较差，系统输出值存在静差。这里，If $e = ZE$，$b_0 = 3$，其他参数均保持不变。可见，当系统参数发生变化时，采用 T－S 模型调整步长的方法能较方便地调整模型自身参数，以获得较好的性能。

第6章 智能非线性控制技术在倒立摆系统中的应用

我们知道,模糊控制已被成功地应用到许多工业系统中。这些工业系统往往具有以下两个特点:① 无法得到精确的数学模型;② 可以从专家那里得到有关描述系统的语言模糊规则或语言模糊描述。传统的非自适应控制方法需要已知系统的数学模型,而大部分自适应控制方法只适用于线性系统。最近,用人工神经网络来构造非线性系统的自适应控制器已成为研究热点。但是这些神经网络自适应控制器不能和系统的语言控制规则或语言描述直接结合。而模糊控制器能够结合语言信息,但缺点是缺乏常规的设计方法来保证系统最基本的要求,如稳定性、鲁棒性等。因此,模糊控制器迫切需要一种系统化的设计方法,它应该能解决以下三个问题:① 假设系统数学模型未知;② 结合专家提供的语言信息;③ 保证闭环系统的全局稳定性。

本章提出的两种自适应模糊控制器就是要解决这三个问题。对于第一个要求,需要用到非线性自适应控制的概念。之所以采用非线性概念,是因为实际的系统很大部分都是非线性系统,而用到自适应方法,是因为系统数学模型未知。对于第二个要求,本书采用模糊基函数网络(见6.1节)和T-S模糊神经网络(见6.2节)作为自适应模糊控制器的基本组成模块。最后,对于第三个要求,需要用到传统自适应控制理论的一些技术,如李亚普诺夫合成方法、参数投影及传统非线性控制理论中的滑模控制等。更为具体一点,就是通过李亚普诺夫合成方法来构造基本模糊自适应控制器,用滑模控制的方法和参数投影法来保证所有信号的有界性。

6.1 基于模糊基函数网络的间接型稳定自适应控制器

6.1.1 自适应模糊控制

1. 自适应模糊控制及其优点

模糊控制器一般在被控对象的参数和结构存在很大的不确定性或未知时采用。一般来讲,自适应控制的目的就是在系统出现这些不确定因素时,系统仍然能够保持既定的特性。因此,先进的模糊控制应该具有自适应性。

那什么是自适应模糊控制呢?概括地说,如果控制器是在自适应模糊逻辑系统基础上构造的,就把这种控制器称为具有自适应模糊控制器,即自适应模糊控制是指具有自适应学习算法的模糊逻辑系统。一个自适应模糊控制器可以用一个单一的自适应模糊系统构成,也可以用若干个自适应模糊系统构成。

自适应模糊控制器与传统的自适应控制器相比有什么本质的区别呢?自适应模糊控制器的最大优越性在于:自适应模糊控制器可以利用操作人员提供的语言性模糊信息,而传统的自适应控制器则不能。这一点对具有高度不确定因素的系统尤其重要,例如化学反应过程或飞机等系统,虽然这类系统从控制理论的观点来看是很难控制的,但操作人员却常常可以成功地控制这类系统。那么,操作人员是怎样在不知道数学模型的情况下成功地控制这类复杂系统的呢?如果向操作人员询问到底采用了什么样的控制策略,通常他们会用一些比较模糊的术语给出若干控制规则,同时还会用语言术语描述系统在不同条件下的不同响应,当然,用的也是模糊的术语。虽然这些模糊控制规则和语言描述都不够准确,也不足以在此基础上构造出一个理想的控制器,但这些信息对了解系统和控制却是十分重要的。由此可见,自适应模糊控制为人们系统而有效地利用模糊信息提供了一种工具。

2. 自适应模糊控制器的分类

自适应模糊控制器的分类原则有两条:① 自适应模糊控制器

是否可以利用系统的模糊控制规则和模糊描述信息。② 自适应模糊控制器的主体（即模糊逻辑系统）的可调参数是线性还是非线性的。

在传统的自适应控制文献中，自适应控制器有两类：直接型和间接型自适应控制器。在直接型自适应控制方法中，控制器的参数可以直接调整，一直到把控制对象和参考模型之间的输出误差减小到一定范围为止。在间接型自适应控制方法中，首先需要估计控制对象的参数，然后假设估计出来的参数代表了控制对象的真实参数，并在此假设前提下选择相应的控制器。

在模糊控制方法中，来自专家的语言信息可分为两类：

（1）模糊控制规则。这些规则告诉我们在怎样的情况下应该采取怎样的控制。例如，在驾驶汽车时常会用到这样的模糊“如果－则”规则：“如果车速慢了，则在油门上多加点力。”规则中的“慢”和“多”都是模糊集合中的符号。

（2）模糊“如果－则”规则。这些规则描述了位置的被控对象的特性。例如，在描述一辆汽车的特性时，常会用到这样的模糊“如果－则”规则：“如果多踩油门，则车速会增大。”规则中的“多”和“增大”是由模糊隶属函数来表征的。

以上两种模糊语言均可分别用于直接型和间接型自适应模糊控制器。具体来讲，直接型自适应模糊控制器是用模糊逻辑系统作为控制器的，因此语言性模糊规则可以直接用于控制器。反之，间接型自适应模糊控制器是用模糊逻辑系统作为控制对象建模，且假设模糊逻辑系统（近似地）等效于真实的被控对象。在此前提下构造出一个控制器，这样描述被控对象的那些模糊“如果－则”规则也就可以直接用于间接型自适应模糊控制器了。下面给出两类自适应模糊控制器的正式定义。

- 如果一个自适应模糊控制器中的模糊逻辑系统是作为控制器使用，则这种自适应模糊控制器就被称为直接型模糊控制器。这种直接型模糊控制器可以直接利用模糊控制规则。

- 如果一个自适应模糊控制器中的模糊逻辑系统是用于被控

对象建模，则这种自适应模糊控制就被称为间接型自适应模糊控制器。这种间接型模糊控制器可以直接利用描述对象的模糊信息（以模糊“如果－则”规则的形式）。

本节讨论的基于模糊基函数网络的自适应模糊控制器属于间接型自适应模糊控制器，下一节将要讨论的基于T－S模糊神经网络自适应控制器属于直接型自适应模糊控制器。

6.1.2　李亚普诺夫方法

1. 概述

李亚普诺夫方法分为第一法和第二法。前者称为第一近似方法，是通过求解系统的微分方程式，然后根据解的性质来判断系统的稳定性。对于非线性系统，在工作点附近的一定范围内，是用线性化了的微分方程式来近似地加以描述。如果线性化特征方程式的根全都是负实数根，或者是具有负实部的复根，则该系统在工作点附近是稳定的，否则是不稳定的。后者称为直接法，这种方法是确定线性时变系统和非线性系统稳定性的更为一般的方法，可以在无须求解状态方程的条件下，确定系统的稳定性。因为求解线性时变系统和非线性系统的解通常是比较困难的，所以这种方法具有很大的优越性。此方法的难点在于，正确选取合适的李亚普诺夫函数需要有相当的经验与技巧，这对于复杂的控制系统尤其困难。然而尽管如此，当其他方法无效时，这种方法却能解决一些非线性系统的稳定性问题。这里只介绍与本章内容有关的李亚普诺夫第二方法。

2. 李亚普诺夫第二方法

李亚普诺夫第二方法对于判别非线性系统的稳定性是很有效的，同时也适用于线性定常系统、线性时变系统等。

它的基本思想是用能量变化的观点分析系统的稳定性。若系统储存的能量在运动过程中随着时间的推移逐渐减少，则系统就能稳定；反之，若系统在运动的过程中，不断地从外界吸收能量，使其储能越来越大，则系统就不能稳定。这里，可以用一个标量函数$V(x)$表示系统的能量。根据能量的物理意义，能量函数$V(x)$应该总是一个正值函数，即 $V(x)>0$，那么 $\dot{V}(x)$ 就表示能量随时间的变化率。$\dot{V}(x)<0$ 表明能量在运动中随着时间的推移而减少；$\dot{V}(x)>0$ 则表明能量在运动中随着时间的推移而增加。李亚普诺夫第二方法就是根据 $\dot{V}(x)$ 的正负来判断系统的稳定性的。因为它是直接利用能量函数而不是通过求解系统的微分方程确定系统的稳定性，所以又被称为李亚普诺夫直接法。标量函数 $V(x)$ 叫作李亚普诺夫函数，它可以是真正的能量函数，也可以是虚构的能量函数。

李亚普诺夫函数的最简单形式为二次型，但是也不一定都是二次型。任何一个标量函数，只要满足李亚普诺夫稳定性判据所假设的条件，都可作为李亚普诺夫函数。对于给定的系统，$V(x)$ 不是唯一的，所以正确地确定李亚普诺夫函数是利用李亚普诺夫直接法的主要问题。二次型函数说明如下：

定义 6.1　设 $x_1,x_2,\cdots,x_n$ 是 n 个变量，则称表达式

$$f=f(x_1,x_2,\cdots,x_n)=\sum_{i,j=1}^{n}a_{ij}x_ix_j \tag{6-1}$$

为二次型，式中，$a_{ij}=a_{ji}$，且为实数。

上式可以用矩阵表示。设

$$\boldsymbol{x}=\begin{bmatrix}x_1\\x_2\\\vdots\\x_n\end{bmatrix},\ \boldsymbol{A}=\begin{bmatrix}a_{11}&a_{12}&\cdots&a_{1n}\\a_{21}&a_{22}&\cdots&a_{2n}\\\vdots&\vdots&&\vdots\\a_{n1}&a_{n2}&\cdots&a_{nn}\end{bmatrix}(a_{ij}=a_{ji})$$

由于

$$[x_1\quad x_2\quad\cdots\quad x_n]\begin{bmatrix}a_{11}&a_{12}&\cdots&a_{1n}\\a_{21}&a_{22}&\cdots&a_{2n}\\\vdots&\vdots&&\vdots\\a_{n1}&a_{n2}&\cdots&a_{nn}\end{bmatrix}\begin{bmatrix}x_1\\x_2\\\vdots\\x_n\end{bmatrix}=\sum_{i,j=1}^{n}a_{ij}x_ix_j$$

所以 f 可记作

$$f=\boldsymbol{x}^{\mathrm{T}}\boldsymbol{A}\boldsymbol{x}$$

其中,实对称方阵称 $\boldsymbol{A}$ 为二次型的矩阵,而其秩称为二次型的秩。若矩阵 $\boldsymbol{A}$ 满秩,则称此二次型为满秩二次型。

在控制理论中,经常会碰到所谓正定二次型,先给出如下定义:设有一个二次型

$$f = f(x_1, x_2, \cdots, x_n) = \sum_{i,j=1}^{n} a_{ij} x_i x_j$$

如果对于任意一组不全为零的实数 $\xi_1, \xi_2, \cdots, \xi_n$,恒有 $f(\xi_1, \xi_2, \cdots, \xi_n) > 0$,则称此二次型为正定二次型。显然,用这一定义来判别二次型是否为正定是很不方便的。但是因为 $f = \boldsymbol{x}^{\mathrm{T}} \boldsymbol{A} \boldsymbol{x}$,故可以通过矩阵 $\boldsymbol{A}$ 的性质来判别二次型的正定性。为此,引入正定矩阵的概念。

定义 6.2 设有矩阵

$$\boldsymbol{A} = \begin{bmatrix} a_{11} & a_{12} & \cdots & a_{1n} \\ a_{21} & a_{22} & \cdots & a_{2n} \\ \vdots & \vdots & & \vdots \\ a_{n1} & a_{n2} & \cdots & a_{nn} \end{bmatrix},$$

其中,$a_{ij} \neq a_{ji}$,则称以下行列式

$$a_{11}, \quad \begin{vmatrix} a_{11} & a_{12} \\ a_{21} & a_{22} \end{vmatrix}, \cdots, \begin{vmatrix} a_{11} & a_{12} & \cdots & a_{1n} \\ a_{21} & a_{22} & \cdots & a_{2n} \\ \vdots & \vdots & & \vdots \\ a_{k1} & a_{k2} & \cdots & a_{kn} \end{vmatrix}, \cdots, \begin{vmatrix} a_{11} & a_{12} & \cdots & a_{1n} \\ a_{21} & a_{22} & \cdots & a_{2n} \\ \vdots & \vdots & & \vdots \\ a_{n1} & a_{n2} & \cdots & a_{nn} \end{vmatrix}$$

分别为矩阵 $\boldsymbol{A}$ 的 1 阶、2 阶、…、k 阶、…、n 阶主要主子式。若矩阵 $\boldsymbol{A}$ 的所有各阶主要主子式均大于零,则称矩阵 $\boldsymbol{A}$ 是正定的。这是判别矩阵正定的充分必要条件,即著名的西尔维斯特(Sylvester)定理。与此同时,矩阵为负定、半正定、半负定或不定的判别,可由以下定理给出。

定理 6.1 矩阵 $\boldsymbol{A}$ 为负定的充分必要条件为

$$(-1)^k \begin{vmatrix} a_{11} & a_{12} & \cdots & a_{1n} \\ a_{21} & a_{22} & \cdots & a_{2n} \\ \vdots & \vdots & & \vdots \\ a_{k1} & a_{k2} & \cdots & a_{kn} \end{vmatrix} > 0, \ k = 1, 2, \cdots, n$$

即所有的奇数阶主要主子式均小于零,所有的偶数阶主要主子式均大于零:

$$a_{11}<0,\ \begin{vmatrix} a_{11} & a_{12} \\ a_{21} & a_{22} \end{vmatrix}>0,\ \begin{vmatrix} a_{11} & a_{12} & a_{13} \\ a_{21} & a_{22} & a_{23} \\ a_{31} & a_{32} & a_{33} \end{vmatrix}<0,\cdots$$

记作 $\boldsymbol{A}<0$。

定理 6.2　矩阵 $\boldsymbol{A}$ 为半正定(非负定)的充分必要条件是:矩阵 $\boldsymbol{A}$ 为奇异矩阵,且其所有的主要主子式都是非负的,记作 $\boldsymbol{A}\geqslant 0$。

定理 6.3　矩阵 $\boldsymbol{A}$ 为半负定(非正定)的充分必要条件是:矩阵 $\boldsymbol{A}$ 为奇异矩阵,且其一切偶数阶主要主子式均非负,一切奇数阶主要主子式均非正,记作 $\boldsymbol{A}\leqslant 0$。

定理 6.4　矩阵 $\boldsymbol{A}$ 为不定的充分必要条件是下列两个条件至少有一个成立:

(1) $\boldsymbol{A}$ 有一个偶数阶主要主子式为负数;

(2) $\boldsymbol{A}$ 有两个符号相反的奇数阶主要主子式。

至此,可以给出如下定义:

定义 6.3　二次型 $f=\boldsymbol{x}^{\mathrm{T}}\boldsymbol{A}\boldsymbol{x}$,其中 $\boldsymbol{A}$ 为实对称方阵。

(1) 若 $\boldsymbol{A}>0$,则称 f 为正定二次型,记为 $f>0$;

(2) 若 $\boldsymbol{A}\geqslant 0$,则称 f 为半正定二次型或者非负定二次型,记为 $f\geqslant 0$;

(3) 若 $\boldsymbol{A}<0$,则称 f 为负定二次型,记为 $f<0$;

(4) 若 $\boldsymbol{A}\leqslant 0$,则称 f 为半负定二次型或者非正定二次型,记为 $f\leqslant 0$。

李亚普诺夫第二方法分析系统稳定性的判据可以叙述如下。

定理 6.5　当选定 $x\neq 0$(相当于系统受到扰动后的初态),$V(x)>0$ 以后,

(1) 若 $\dot{V}(x)<0$,则系统是渐近稳定的(如果随着 $\|x\|\to\infty$,有 $V(x)\to\infty$,则系统是大范围渐近稳定的);

(2) 若 $\dot{V}(x)>0$,则系统是不稳定的;

(3) 若 $\dot{V}(x) \leqslant 0$,但 $\dot{V}(x)$ 不恒等于零(除了 $\dot{V}(0)=0$ 以外),则系统是渐近稳定的;但是,若 $\dot{V}(x)$ 恒等于零,那么,按照李亚普诺夫关于稳定性的定义,系统是稳定的,但不是渐近稳定的。

需要指出,关于李亚普诺夫第二方法的稳定判据只是充分条件,而不是必要条件。关于这一点可以做如下解释:虚构一个能量函数,令 $V(x)>0$,若 $\dot{V}(x)<0$,系统就是渐近稳定的;若 $\dot{V}(x)>0$,系统就是不稳定的,这个能量函数可以算作李亚普诺夫函数。如果虚构的能量函数都不满足上述定理假设的条件(例如 $\dot{V}(x)$ 是不定的),那么就不能确定系统的稳定性,因为很可能是还没有构成李亚普诺夫函数。此时,一方面可以继续寻求合适的李亚普诺夫函数,另一方面应考虑采用其他方法确定系统的稳定性。

下面简单介绍一下线性定常系统的李亚普诺夫稳定性分析。给定线性定常系统的状态方程为

$$\dot{\boldsymbol{x}} = \boldsymbol{A}\boldsymbol{x} \tag{6-2}$$

假设所选取的李亚普诺夫函数为二次型函数,则有 $V(\boldsymbol{x})=\boldsymbol{x}^{\mathrm{T}}\boldsymbol{P}\boldsymbol{x}$,其中,$\boldsymbol{P}$ 为 $n\times n$ 实对称正定矩阵,$\boldsymbol{x}$ 为 $n\times 1$ 列向量,将 $V(\boldsymbol{x})$ 对时间取导数并将式(6-2)代入,可得

$$\begin{aligned}\dot{V}(\boldsymbol{x}) &= \dot{\boldsymbol{x}}^{\mathrm{T}}\boldsymbol{P}\boldsymbol{x}+\boldsymbol{x}^{\mathrm{T}}\boldsymbol{P}\dot{\boldsymbol{x}} = (\boldsymbol{A}\boldsymbol{x})^{\mathrm{T}}\boldsymbol{P}\boldsymbol{x}+\boldsymbol{x}^{\mathrm{T}}\boldsymbol{P}\boldsymbol{A}\boldsymbol{x}\\ &= \boldsymbol{x}^{\mathrm{T}}(\boldsymbol{A}^{\mathrm{T}}\boldsymbol{P}+\boldsymbol{P}\boldsymbol{A})\boldsymbol{x} = -\boldsymbol{x}^{\mathrm{T}}\boldsymbol{Q}\boldsymbol{x}\end{aligned}$$

其中,$\boldsymbol{Q}=-(\boldsymbol{A}^{\mathrm{T}}\boldsymbol{P}+\boldsymbol{P}\boldsymbol{A})$。即有

$$\boldsymbol{A}^{\mathrm{T}}\boldsymbol{P}+\boldsymbol{P}\boldsymbol{A}+\boldsymbol{Q}=\boldsymbol{0} \tag{6-3}$$

如果能找到满足式(6-3)的正定矩阵 $\boldsymbol{P}$ 和 $\boldsymbol{Q}$,那么 $V(\boldsymbol{x})>0$,而 $\dot{V}(\boldsymbol{x})<0$,系统就是渐近稳定的。式(6-3)是一个矩阵代数方程,称为李亚普诺夫方程。根据以上推导可知,判断线性定常连续系统的步骤应该是先假设一个正定的实对称矩阵 $\boldsymbol{P}$,然后利用式(6-3)计算 $\boldsymbol{Q}$。如果 $\boldsymbol{Q}$ 为正定,则表明系统是渐近稳定的。

6.1.3 模糊基函数

模糊系统包括模糊规则库(Rule Base)、模糊推理机制(Inference)、模糊化(Fuzzier)、解模糊(Defuzzier)。模糊系统经过上面

所提 4 个过程运作之后，可得到系统最终能够输出：

$$y(\boldsymbol{x}) = \frac{\sum_{l=1}^{M} \bar{y}^{l}\left(\prod_{i=1}^{n} \mu_{F_i^l}(\boldsymbol{x}_i)\right)}{\sum_{l=1}^{M}\left(\prod_{i=1}^{n} \mu_{F_i^l}(\boldsymbol{x}_i)\right)} \tag{6-4}$$

式中，$\boldsymbol{x}_i$ 是输入向量，$\boldsymbol{X} = (\boldsymbol{x}_1, \boldsymbol{x}_2, \cdots, \boldsymbol{x}_n)^{\mathrm{T}} \in U$（论域），$\bar{y}^l$ 为 $\mu_{G^l}(y)$ 达到最大值时所对应的 y 的值。本书采用单点模糊化、重心法解模糊、代数乘模糊推理机制。如果固定 $\mu_{F_i}^{l}(x_i)$，将 $\bar{y}^l$ 看成可调参数，那么式(6-4)可写成：

$$y(\boldsymbol{x}) = \boldsymbol{\theta}^{\mathrm{T}}\boldsymbol{\xi}(\boldsymbol{x}) \tag{6-5}$$

式中，$\boldsymbol{\theta} = (\bar{y}^1, \cdots, \bar{y}^M)^{\mathrm{T}}$；回归向量 $\boldsymbol{\xi}(\boldsymbol{x}) = (\xi^1(\boldsymbol{x}), \cdots, \xi^M(\boldsymbol{x}))^{\mathrm{T}}$，其中，

$$\boldsymbol{\xi}^{l}(\boldsymbol{x}) = \frac{\prod_{i=1}^{n} \mu_{F_i^l}(\boldsymbol{x}_i)}{\sum_{l=1}^{M}\prod_{i=1}^{n} \mu_{F_i^l}(\boldsymbol{x}_i)} \tag{6-6}$$

显然，θ 和模糊逻辑系统 $y(\boldsymbol{x})$ 是线性关系，$\mu_{F_i^l}$ 为输入量的给定隶属函数，即它在自适应调整过程中保持不变，则式(6-6)中 $\mu_{F_i^l}$ 为高斯型、三角形或其他类型的隶属函数。

6.1.4　基于模糊基函数网络的间接型稳定自适应控制器的设计

1. 控制对象及控制任务

(1) 控制对象

控制对象选用 n 阶非线性系统，具有以下一般形式：

$$\begin{cases} \dot{x}_1 = x_2 \\ \dot{x}_2 = x_3 \\ \cdots\cdots \\ \dot{x}_n = f(x_1, \cdots, x_n) + g(x_1, \cdots, x_n)u \\ y = x_1 \end{cases} \tag{6-7}$$

以上系统等效成如下形式：

$$x^{(n)}=f(x,\dot{x},\cdots,x^{(n-1)})+g(x,\dot{x},\cdots,x^{(n-1)})u$$
$$y=x \tag{6-8}$$

式中,f,g 是未知的连续函数,$u\in\mathbf{R}$ 和 $y\in\mathbf{R}$ 分别为系统的输入和输出,$\boldsymbol{X}=(x_1,x_2,\cdots,x_n)^{\mathrm{T}}=(x,\dot{x},\cdots,x^{(n-1)})^{\mathrm{T}}\in\mathbf{R}^n$ 为系统的状态向量,且假设可以通过测量得到。式(6-8)的可控条件是,对处于某一可控区域 $U_c\subset\mathbf{R}^n$ 内的 x 有 $g(x)\neq 0$ 成立;由于 $g(x)$ 为连续函数,不失一般性,可以假设对 $\boldsymbol{X}\in u_c\subset\mathbf{R}^n$ 有 $g(\boldsymbol{X})>0$。这些系统具有标准形式且相对阶数等于 n。

(2) 控制任务

我们的控制目标就是基于模糊逻辑系统,求出一个反馈控制 $u=u(\boldsymbol{X}|\boldsymbol{\theta})$ 和一个调整参数向量 $\boldsymbol{\theta}$ 的自适应律,使得:

① 在所有变量 $\boldsymbol{X}(t)$,$\boldsymbol{\theta}(t)$ 和 $u(\boldsymbol{X}|\boldsymbol{\theta})$ 一致有界的意义上,闭环系统一定具有全局稳定性,即对所有的 $t\geqslant 0$,都有 $\|\boldsymbol{X}(t)\|\leqslant M_x<\infty$, $\|\boldsymbol{\theta}(t)\|\leqslant M_\theta<\infty$ 及 $|u(\boldsymbol{X}|\boldsymbol{\theta})|\leqslant M_u<\infty$ 成立,式中的 M_x,M_θ,M_u 为设计参数。

② 在满足约束条件(1)的情况下,跟踪误差 $e=y_m-y$ 应尽可能小。

2. 等效控制器

首先,设 $\boldsymbol{E}=(e,\dot{e},\cdots,e^{(n-1)})^{\mathrm{T}}$,$\boldsymbol{K}=(k_n,\cdots,k_1)^{\mathrm{T}}\in\mathbf{R}^n$ 以便满足多项式 $h(s)=s^n+k_1s^{n-1}+\cdots+k_n$ 的所有根位于左半开上平面。如果函数 f 和 g 已知,则控制规律为

$$u=\frac{1}{g(\boldsymbol{X})}[-f(\boldsymbol{X})+y_m^{(n)}+\boldsymbol{K}^{\mathrm{T}}\boldsymbol{E}] \tag{6-9}$$

代入式(6-8)得

$$e^{(n)}+k_1e^{(n-1)}+\cdots+k_ne=0 \tag{6-10}$$

式(6-10)意味着 $\lim\limits_{t\to\infty}e(t)=0$,这是主要的控制任务之一。

如果 f 和 g 未知,可用模糊系统 $\hat{f}(\boldsymbol{X}|\boldsymbol{\theta}_f)$ 和 $\hat{g}(\boldsymbol{X}|\boldsymbol{\theta}_g)$ 代替,它们具有前面介绍的式(6-5)的模糊基函数形式。用它们分别取代式(6-9)中的 f 和 g,便得到如下的控制律:

$$u_c=\frac{1}{\hat{g}(\boldsymbol{X}|\boldsymbol{\theta}_g)}[-\hat{f}(\boldsymbol{X}|\boldsymbol{\theta}_f)+y_m^{(n)}+\boldsymbol{K}^{\mathrm{T}}\boldsymbol{E}] \tag{6-11}$$

以上控制律在自适应控制中被称为等效控制器。将式(6-11)代入式(6-8)，并经过几步直接运算后可得如下的误差方程：

$$e^{n}=-\boldsymbol{K}^{\mathrm{T}}\boldsymbol{E}+\{[\hat{f}(\boldsymbol{X}|\boldsymbol{\theta}_{f})-f(\boldsymbol{X})]+[\hat{g}(\boldsymbol{X}|\boldsymbol{\theta}_{g})-g(\boldsymbol{X})]u_{c}\} \tag{6-12}$$

上式等价于

$$\dot{\boldsymbol{E}}=\boldsymbol{A}_{c}\boldsymbol{E}+\boldsymbol{b}_{c}\{[\hat{f}(\boldsymbol{X}|\boldsymbol{\theta}_{f})-f(\boldsymbol{X})]+[\hat{g}(\boldsymbol{X}|\boldsymbol{\theta}_{g})-g(\boldsymbol{X})]u_{c}\} \tag{6-13}$$

式中

$$\boldsymbol{A}_{c}=\begin{bmatrix}0 & 1 & 0 & \cdots & 0\\ 0 & 0 & 1 & \cdots & 0\\ \vdots & \vdots & \vdots & & \vdots\\ 0 & 0 & 0 & \cdots & 1\\ -k_{n} & -k_{n-1} & -k_{n-2} & \cdots & -k_{1}\end{bmatrix},\boldsymbol{b}_{c}=\begin{bmatrix}0\\0\\0\\ \vdots\\1\end{bmatrix} \tag{6-14}$$

因为 $\boldsymbol{A}_c$ 是个稳定阵(特征方程 $|\boldsymbol{SI}-\boldsymbol{A}_c|=s^{(n)}+k_1s^{(n-1)}+\cdots+k_n$ 的特征根全部在左半平面)，所以根据李亚普诺夫稳定性定理一定存在一个正定对称阵 $\boldsymbol{P}(n\times n)$ 满足李亚普诺夫方程

$$\boldsymbol{A}_c^{\mathrm{T}}\boldsymbol{P}+\boldsymbol{P}\boldsymbol{A}_c=-\boldsymbol{Q}$$

$\boldsymbol{Q}$ 是任意正定阵。定义能量函数 $V_e=\dfrac{1}{2}\boldsymbol{E}^{\mathrm{T}}\boldsymbol{P}\boldsymbol{E}$，利用式(6-3)和式(6-13)可得能量函数的导数为

$$\begin{aligned}\dot{V}_e&=\frac{1}{2}\dot{\boldsymbol{E}}^{\mathrm{T}}\boldsymbol{P}\boldsymbol{E}+\frac{1}{2}\boldsymbol{E}^{\mathrm{T}}\boldsymbol{P}\dot{\boldsymbol{E}}\\&=-\frac{1}{2}\boldsymbol{E}^{\mathrm{T}}\boldsymbol{Q}\boldsymbol{E}+\boldsymbol{E}^{\mathrm{T}}\boldsymbol{P}\boldsymbol{b}_c\times[(\hat{f}-f)+(\hat{g}-g)u_c]\end{aligned} \tag{6-15}$$

为使 $x_i=y_m^{(i-1)}-e^{(i-1)}$ 是有界的，要求 V_e 必须是有界的，即当 V_e 大于一个较大的常数 $\bar{V}$ 时，有 $\dot{V}_e\leqslant 0$，这样才能保证系统的全局稳定。因为 $\boldsymbol{Q}$ 是正定的，所以 $-\dfrac{1}{2}\boldsymbol{E}^{\mathrm{T}}\boldsymbol{Q}\boldsymbol{E}<0$，要使 $\dot{V}_e\leqslant 0$，则 $\boldsymbol{E}^{\mathrm{T}}\boldsymbol{P}\boldsymbol{b}_c[(\hat{f}-f)+(\hat{g}-g)u_c]$ 应小于等于 0。从式(6-15)可知，要设计这样一个

u_c,使得最后一项小于0。那么怎样解决这个问题呢?

3. 监督控制

为了解决这个问题,加入另一个控制项 u_s,这样最后的控制为

$$u = u_c + u_s \tag{6-16}$$

这一附加控制项 u_s 就是所谓的监督控制。采用监督控制 u_s 的目的是要保证当 $V_e > \bar{V}$时,$\dot{V}_e \leqslant 0$ 成立。如果把式(6-16)代入式(6-8),并用求式(6-13)同样的方法,可以得到下列新的误差方程:

$$\dot{E} = \boldsymbol{A}_c\boldsymbol{E} + \boldsymbol{b}_c[(\hat{f} - f) + (\hat{g} - g)u_c - gu_s] \tag{6-17}$$

再利用式(6-17)和式(6-3),可得

$$\begin{aligned}\dot{V}_e &= \frac{1}{2}\dot{\boldsymbol{E}}^{\mathrm{T}}\boldsymbol{PE} + \frac{1}{2}\boldsymbol{E}^{\mathrm{T}}\boldsymbol{P}\dot{\boldsymbol{E}} \\ &= -\frac{1}{2}\boldsymbol{E}^{\mathrm{T}}\boldsymbol{QE} + \boldsymbol{E}^{\mathrm{T}}\boldsymbol{Pb}_c[(\hat{f} - f) + (\hat{g} - g)u_c - gu_s] \\ &\leqslant -\frac{1}{2}\boldsymbol{E}^{\mathrm{T}}\boldsymbol{QE} + |\boldsymbol{E}^{\mathrm{T}}\boldsymbol{Pb}_c|\,[\,|\hat{f}| + |f| + |\hat{g}u_c| + |gu_c|\,] - \\ &\quad \boldsymbol{E}^{\mathrm{T}}\boldsymbol{Pb}_c g u_s \end{aligned} \tag{6-18}$$

为了使所选择的 u_s 能保证式(6-18)的右边取非正值,需要知道 f 和 g 的界值,为此我们有必要做以下假设。

假设 6.1 我们可以找到这样三个函数函数 $f^U(X)$,$g^U(X)$,$g_{\mathrm{L}}(X)$,使得 $|f(X)| \leqslant f^U(X)$,且 $|g_L(X)| \leqslant g(X) \leqslant g^U(X)$,式中,$X \in U_C$ 且有 $f^U(X) < \infty$,$g^U(X) < \infty$,$g_L(X) > 0$。

因为有了假设 6.1,我们对控制对象式(6-7)虽然“了解不多”,但也不是“完全不知道”。这里需要注意的是,在假设 6.1 中,只要知道 f 和 g 与状态相关的介质即可。这个条件比起要知道所有的 $X \in U_c$ 的固定界要宽松得多。将 $f^U(X)$,$g^U(X)$,$g_L(X)$ 与式(6-18)对照以后,把监督控制 u_s 选为如下形式:

$$u_s = I_1^* \ \mathrm{sgn}(\boldsymbol{E}^{\mathrm{T}}\boldsymbol{Pb}_c)\frac{1}{g_L(\boldsymbol{X})} \times [\,|\hat{f}| + f^U(\boldsymbol{X}) + |\hat{g}u_c| + |g^U(\boldsymbol{X})u_c|\,] \tag{6-19}$$

式中,$I_1^* = \begin{cases} 1, V_e > \bar{V}, \\ 0, V_e \leqslant \bar{V}, \end{cases}$ $\bar{V}$ 为设计者取定的一个常量,即当 $V_e > \bar{V}$ 时,

u_s 才发生作用；$\operatorname{sgn}(\boldsymbol{E}^{\mathrm{T}}\boldsymbol{P}\boldsymbol{b}_c)=\begin{cases}1, & \boldsymbol{E}^{\mathrm{T}}\boldsymbol{P}\boldsymbol{b}_c\geqslant 0,\\ -1, & \boldsymbol{E}^{\mathrm{T}}\boldsymbol{P}\boldsymbol{b}_c<0。\end{cases}$此时如果将式(6-19)代入式(6-18)，可得

$$\begin{aligned}\dot{V}_e &\leqslant -\frac{1}{2}\boldsymbol{E}^{\mathrm{T}}\boldsymbol{Q}\boldsymbol{E}+|\boldsymbol{E}^{\mathrm{T}}\boldsymbol{P}\boldsymbol{b}_c|\times\Big[|\hat{f}|+|f|+|\hat{g}u_c|+|gu_c|-\\ &\quad \frac{g}{g_L}\times(|\hat{f}|+f^U+|\hat{g}u_c|+|g^U u_c|)\Big]\\ &= -\frac{1}{2}\boldsymbol{E}^{\mathrm{T}}\boldsymbol{Q}\boldsymbol{E}+|\boldsymbol{E}^{\mathrm{T}}\boldsymbol{P}\boldsymbol{b}_c|\times\Big[\left(1-\frac{g}{g_L}\right)|\hat{f}|+\left(|f|-\frac{g}{g_L}\right)|\hat{g}u_c|+\\ &\quad |gu_c|-\frac{g}{g_L}|g^U u_c|\Big)\Big]\\ &\leqslant -\frac{1}{2}\boldsymbol{E}^{\mathrm{T}}\boldsymbol{Q}\boldsymbol{E}+|\boldsymbol{E}^{\mathrm{T}}\boldsymbol{P}\boldsymbol{b}_c|\times[0+(|f|-f^U)+0+|gu_c|-\\ &\quad |g^U u_c|]\leqslant -\frac{1}{2}\boldsymbol{E}^{\mathrm{T}}\boldsymbol{Q}\boldsymbol{E}\leqslant 0\end{aligned}\tag{6-20}$$

总之，只要采用式(6-16)来控制(式中 u_c 取式(6-11)形式，u_s 取式(6-19)的形式)，我们就可以保证 $V_e\leqslant\bar{V}\leqslant\infty$。由于 P 是正定的，因此 V_e 的界就是 e 的界，进一步讲也是 X 的界。这里需要注意一点，式(6-11)和式(6-19)右边的所有量都是一致的或可以量测的，因此式(6-16)的控制律就可以实现了。

从式(6-19)中可以看出，仅当能量函数 $V_e>\bar{V}$时，u_s 才是非零的。这就是说，具有模糊控制器 u_c(u_c 由式(6-16)给出)的闭环系统如果有良好的性能，误差就不会大(即 $V_e\leqslant\bar{V}$)，此时监督控制 u_s 为零；反之，如果闭环系统趋于不稳定(即 $V_e>\bar{V}$)，则监督控制 u_s 才开始工作以迫使 $V_e\leqslant\bar{V}$。这样，控制量 u_s 就相当于一个监督器；这就是我们为什么把 u_s 称为监督控制的原因。

下面用式(6-5)定义的模糊逻辑系统数学表达式来代替 $\hat{f}$ 和 $\hat{g}$，同时提出一种自适应律来调节模糊逻辑系统的参数，以达到迫使跟踪误差收敛到零的目的。

4. 自适应律的设计思想

首先定义

$$\theta_f^* = \arg\min_{\theta_f \in \Omega_f} [\sup_{X \in U_c} |\hat{f} - f|] \tag{6-21}$$

$$\theta_g^* = \arg\min_{\theta_g \in \Omega_g} [\sup_{X \in U_c} |\hat{g} - g|] \tag{6-22}$$

式中,θ_f^* 和 θ_g^* 为使得 $\hat{f}$ 和 $\hat{g}$ 最接近真实值 f 和 g 的参数 θ_f 和 θ_g 的值,即 θ_f 和 θ_g 的最优值;Ω_f,Ω_g 分别是 θ_f 和 θ_g 的约束集,由设计者根据实际需要自定。对于 Ω_f,要求 $\boldsymbol{\theta}_f$ 是有界的,即

$$\Omega_f = \{\boldsymbol{\theta}_f : \|\boldsymbol{\theta}_f\| \leqslant M_f\} \tag{6-23}$$

式中,M_f 是由设计者取定的正常量。对 Ω_g,除了有类似于式(6-23)的约束条件外,还必须加上 $\hat{g}$ 取正值的条件(因为 $g(x)>0$)。观察式(6-5)可以得到

$$\Omega_g = \{\boldsymbol{\theta}_g : \|\boldsymbol{\theta}_g\| \leqslant M_g, \bar{y}^l \geqslant \varepsilon\} \tag{6-24}$$

式中,M_g,ε 都是设计者自定的正常量。由于式(6-5)定义的模糊逻辑系统均为 $\bar{y}^l$ 的加权平均,则 $\bar{y}^l \geqslant \varepsilon > 0$ 意味着相应的模糊逻辑系统也取正值。下面定义最小近似误差:

$$w = (\hat{f}(\boldsymbol{X}|\boldsymbol{\theta}_f^*) - f(\boldsymbol{X})) + (\hat{g}(\boldsymbol{X}|\boldsymbol{\theta}_g^*) - g(\boldsymbol{X}))u_c \tag{6-25}$$

于是式(6-17)的误差方程改写为

$$\dot{\boldsymbol{E}} = \boldsymbol{A}_c\boldsymbol{E} + \boldsymbol{b}_c \times [w + (\hat{f} - \hat{f}^*) + (\hat{g} - \hat{g}^*)u_c - gu_s] \tag{6-26}$$

如果把 $\hat{f}$ 和 $\hat{g}$ 采用式(6-5)的模糊基函数表达形式,则式(6-26)可改写为

$$\dot{\boldsymbol{E}} = \boldsymbol{A}_c\boldsymbol{E} - \boldsymbol{b}_c g u_s + \boldsymbol{b}_c w + \boldsymbol{b}_c \times [\boldsymbol{\Phi}_f^{\mathrm{T}}\boldsymbol{\xi}(\boldsymbol{X}) + \boldsymbol{\Phi}_g^{\mathrm{T}}\boldsymbol{\xi}(\boldsymbol{X})u_c] \tag{6-27}$$

式中,$\boldsymbol{\Phi}_f = \boldsymbol{\theta}_f - \boldsymbol{\theta}_f^*$,$\boldsymbol{\Phi}_g = \boldsymbol{\theta}_g - \boldsymbol{\theta}_g^*$,$\boldsymbol{\xi}(\boldsymbol{X})$ 为模糊基函数式(6-6)。现在来考虑可能候选的李亚普诺夫函数:

$$V = \frac{1}{2}\boldsymbol{E}^{\mathrm{T}}\boldsymbol{P}\boldsymbol{E} + \frac{1}{2\gamma_1}\boldsymbol{\Phi}_f^{\mathrm{T}}\boldsymbol{\Phi}_f + \frac{1}{2\gamma_2}\boldsymbol{\Phi}_g^{\mathrm{T}}\boldsymbol{\Phi}_g \tag{6-28}$$

式中,γ_1 和 γ_2 为正的常数。V 沿轨迹式(6-27)的时间导数为

$$\dot{V} = -\frac{1}{2}\boldsymbol{E}^{\mathrm{T}}\boldsymbol{Q}\boldsymbol{E} - g\boldsymbol{E}^{\mathrm{T}}\boldsymbol{P}\boldsymbol{b}_c u_s + \boldsymbol{E}^{\mathrm{T}}\boldsymbol{P}\boldsymbol{b}_c w + \frac{1}{\gamma_1}\boldsymbol{\Phi}_f^{\mathrm{T}}[\dot{\boldsymbol{\theta}}_f +$$

$$\gamma_1 \boldsymbol{E}^{\mathrm{T}}\boldsymbol{P}\boldsymbol{b}_c\boldsymbol{\xi}(\boldsymbol{X})] + \frac{1}{\gamma_2}\boldsymbol{\Phi}_g^{\mathrm{T}}[\dot{\boldsymbol{\theta}}_g + \gamma_2 \boldsymbol{E}^{\mathrm{T}}\boldsymbol{P}\boldsymbol{b}_c\boldsymbol{\xi}(\boldsymbol{X})u_c] \tag{6-29}$$

式中用到了式(6-3)和 $\dot{\boldsymbol{\Phi}}_f = \dot{\boldsymbol{\theta}}_f, \dot{\boldsymbol{\Phi}}_g = \dot{\boldsymbol{\theta}}_g$。由式(6-19)和 $g(\boldsymbol{X}) > 0$ 可以看出 $g(\boldsymbol{X})\boldsymbol{E}^{\mathrm{T}}\boldsymbol{P}\boldsymbol{b}_c u_s \geqslant 0$。如果选自适应律

$$\dot{\theta}_f = -\gamma_1 \boldsymbol{E}^{\mathrm{T}}\boldsymbol{P}\boldsymbol{b}_c\boldsymbol{\xi}(X) \tag{6-30}$$

$$\dot{\theta}_g = -\gamma_2 \boldsymbol{E}^{\mathrm{T}}\boldsymbol{P}\boldsymbol{b}_c\boldsymbol{\xi}(X)u_c \tag{6-31}$$

则由式(6-28)和式(6-29),可得

$$\dot{V} \leqslant -\frac{1}{2}\boldsymbol{E}^{\mathrm{T}}\boldsymbol{Q}\boldsymbol{E} + \boldsymbol{E}^{\mathrm{T}}\boldsymbol{P}\boldsymbol{b}_c w \tag{6-32}$$

这就是希望得到的最好结果,因为 $\boldsymbol{E}^{\mathrm{T}}\boldsymbol{P}\boldsymbol{b}_c w$ 具有最小近似误差 w。如果 $w=0$,即 $\hat{f}$ 和 $\hat{g}$ 的寻优空间可以扩展得很大,足以将 f 和 g 包括进去,于是得到 $\dot{V} \leqslant 0$。又根据万能逼近定理,如果 w 不为零,则只要采用足够复杂(可调参数数目增多)的 $\hat{f}$ 和 $\hat{g}$,仍然可以希望得到很小的 w。

最后的一个问题是,如何将 $\boldsymbol{\theta}_f$ 和 $\boldsymbol{\theta}_g$ 分别限制在集合 Ω_f(式(6-23))和 Ω_g(式(6-24)),则式(6-11)的 u_c 和式(6-19)的 u_s 将是有界的,因为此时 $\hat{f}$ 是有界的,$\hat{g} > 0$,又因为采用了监督控制 u_s,e 也是有界的。显然,自适应律式(6-30)和式(6-31)不能保证 $\boldsymbol{\theta}_f \in \Omega_f$ 和 $\boldsymbol{\theta}_g \in \Omega_g$。为了解决这个问题,我们采用了参数投影算法。如果参数向量 $\boldsymbol{\theta}_f$ 和 $\boldsymbol{\theta}_g$ 在约束集合内或处在约束几何边界上并向集合内移动,则可直接用自适应律式(6-30)和式(6-31);反之,如果参数向量在约束集合边界上并向集合外移动,则采用投影算法来修正自适应律式(6-30)和式(6-31),以使得参数向量仍然处于约束集合内。此方法将在下一节详细介绍。

6.1.5 系统结构

到这里,整个控制器的构造工作已完成,为了更清楚地说明控制器的结构及工作原理,给出自适应模糊控制系统的总框图(见图6-1)。

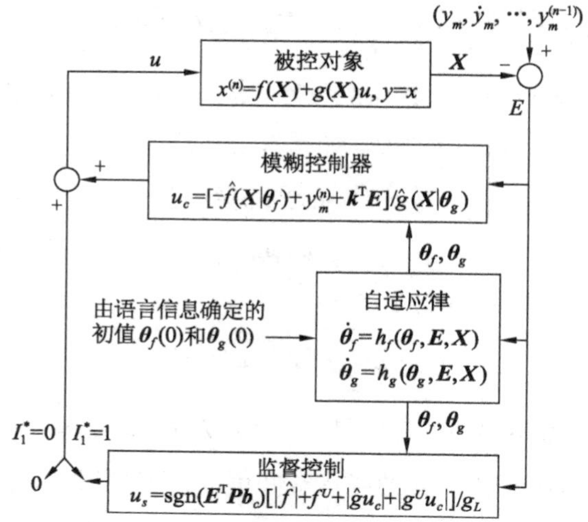

图 6-1　间接型自适应模糊控制器总框图

以上讨论了如何构造间接性稳定自适应模糊控制器的基本过程。下面先讨论自适应模糊控制器的详细设计步骤,然后证明这样设计出来的自适应模糊控制器具有令人满意的性能。

另外,在前面提到该自适应控制可与描述系统性质的语言规则相结合,为了体现这个特点,做以下假设:

假设 6.2　如果 f, g 未知,但可以从专家那里知道一些关于 f, g 特征的语言信息(粗略描述),这对初始化 $\boldsymbol{\theta}_f$, $\boldsymbol{\theta}_g$,加快自适应速度是有好处的。

例如,

$R_f^{(n)}$:如果 x_1 is A_1^r and…and x_n is A_n^r,那么 $f(X)$ is C^r　　(6-33)

$R_g^{(n)}$:如果 x_1 is B_1^s and…and x_n is B_n^s,那么 $g(X)$ is D^r　　(6-34)

式中,A_i^r, B_i^s, C^r 和 D^r 都是模糊集合,$r=1,2,\cdots,L_f$(f 的规则条数),$s=1,2,\cdots,L_g$。如果 $L_f=L_g=0$,则意味着没有任何有关描述 f, g 的语言信息。做这个假设只是为了强调所设计的这个自适应模糊控制器可以直接结合这些语言描述信息(如果存在这类语言描述信息的话)。

6.1.6　设计步骤和稳定性分析

在本节中，用式(6-5)的模糊系统来逼近 $\hat{f}$ 和 $\hat{g}$，我们首先讨论这种自适应模糊控制器的设计步骤，然后对其进行性能分析。

1. 设计步骤

设计步骤如下：

步骤 1　离线处理。

① 确定 $k_1,\cdots,k_n$，使得 $s^n+k_1s^{n-1}+\cdots+k_n=0$ 的所有根在左半平面，确定一个正定 $(n\times n)$ 阶的矩阵 $\boldsymbol{Q}$。

② 解李亚普诺夫方程式(6-3)，获得一个对称矩阵 $\boldsymbol{P}>0$。

③ 根据实际对象约束条件来设计参数 M_f,M_g,ε 及 $\bar{V}$。

步骤 2　初始控制器的构造。

① 定义 m_i 个模糊集合 $F_i^{l_i}$，其隶属函数为 $\mu_{F_i^{l_i}}$，且均匀地覆盖 U_{C_i}，这里的 U_{C_i} 是 U_c 在分量上的投影，$l_i=1,2,\cdots,m_i,i=1,2,\cdots,n$。此外还要求 $F_i^{l_i}$ 的隶属函数包括式(6-33)和式(6-34)的 A_i^r 和 B_i^s。

② 构造模糊逻辑系统 $\hat{f}$ 和 $\hat{g}$ 的模糊规则库，其中每个规则库由 $m_1\times m_2\times\cdots\times m_n$ 条规则组成，这些规则的“如果”部分包括了 $F_i^{l_i}$ 在 $i=1,2,\cdots,n$ 的所有可能的组合。具体地讲，$\hat{f}$ 和 $\hat{g}$ 的模糊规则库分别由如下规则组成：

$$R_f^{(l_1,\cdots,l_n)}:\text{如果 } x_1 \text{ is } A_1^r \text{ and}\cdots\text{and } x_n \text{ is } A_n^r\text{，那么 } \hat{f} \text{ is } G^{(l_1,\cdots,l_n)} \tag{6-35}$$

$$R_g^{(l_1,\cdots,l_n)}:\text{如果 } x_1 \text{ is } A_1^r \text{ and}\cdots\text{and } x_n \text{ is } A_n^r\text{，那么 } \hat{g} \text{ is } H^{(l_1,\cdots,l_n)} \tag{6-36}$$

式中，$l_i=1,2,\cdots,m_i,i=1,2,\cdots,n$；$G^{(l_1,\cdots,l_n)}$ 和 $H^{(l_1,\cdots,l_n)}$ 为 R 中的模糊集合，可由如下的方式来确定：如果式(6-35)或式(6-36)的“如果”部分与式(6-33)或(6-34)式的 IF 部分一致，则设 $G^{(l_1,\cdots,l_n)}$ 或 $H^{(l_1,\cdots,l_n)}$ 分别等于相应的 C^r 或 D^r，否则只要 $G^{(l_1,\cdots,l_n)}$ 和 $H^{(l_1,\cdots,l_n)}$ 的中点（对应于参数 $\bar{y}^l$）分别位于约束集合 Ω_f 和 Ω_g 内，则 $G^{(l_1,\cdots,l_n)}$ 和 $H^{(l_1,\cdots,l_n)}$ 就满足约束条件。由此可见，初始的自适应模糊控制器是在语言规则式(6-33)和式(6-34)的基础上构造的。

③ 构造模糊基函数

$$\boldsymbol{\xi}^{(l_1,\cdots,l_n)}(x) = \frac{\prod_{i=1}^{n}\mu_{F_i^l}(x_i)}{\sum_{l_1=1}^{m_1}\cdots\sum_{l_n=1}^{m_n}\left(\prod_{i=1}^{n}\mu_{F_i^{l_i}}(x_i)\right)} \tag{6-37}$$

将上述模糊基函数以 $l_1 = 1,2,\cdots,m_1;\cdots;l_n = 1,2,\cdots,m_n$ 的自然顺序列成一个 $\prod_{i=1}^{n} m_i$ 维的向量 $\boldsymbol{\xi}(x)$，在以同样的顺序使 $\mu_{G^{(l_1,\cdots,l_n)}}$ 和 $\mu_{H^{(l_1,\cdots,l_n)}}$ 取得最大值的点也分别列成向量 $\boldsymbol{\theta}_f(0)$，$\boldsymbol{\theta}_g(0)$，则

$$\hat{f}(\boldsymbol{X}|\boldsymbol{\theta}_f) = \boldsymbol{\theta}_f^{\mathrm{T}}\boldsymbol{\xi}(X) \tag{6-38}$$

$$\hat{g}(\boldsymbol{X}|\boldsymbol{\theta}_g) = \boldsymbol{\theta}_g^{\mathrm{T}}\boldsymbol{\xi}(X) \tag{6-39}$$

步骤 3　在线自适应。

① 将反馈控制式(6-16)用于控制对象式(6-7)，其中，u_c 和 u_s 分别采用式(6-11)和式(6-19)，$\hat{f}(\boldsymbol{X}|\boldsymbol{\theta}_f)$ 和 $\hat{g}(\boldsymbol{X}|\boldsymbol{\theta}_g)$ 分别取式(6-38)和式(6-39)。

② 采用下列自适应调整律参数向量 $\boldsymbol{\theta}_f$。

$$\dot{\theta}_f = \begin{cases} -\gamma_1\boldsymbol{E}^{\mathrm{T}}\boldsymbol{P}\boldsymbol{b}_c\boldsymbol{\xi}(X), & \|\boldsymbol{\theta}_f\| < M_f \text{ 或}, \\ & \|\boldsymbol{\theta}_f\| = M_f \text{ 且 } \boldsymbol{E}^{\mathrm{T}}\boldsymbol{P}\boldsymbol{b}_c\boldsymbol{\theta}_f^{\mathrm{T}}\boldsymbol{\xi}(X) \geqslant 0 \\ \boldsymbol{P}\{-\gamma_1\boldsymbol{P}\boldsymbol{b}_c\boldsymbol{\xi}(X)\}, & \|\boldsymbol{\theta}_f\| = M_f \text{ 且 } \boldsymbol{E}^{\mathrm{T}}\boldsymbol{P}\boldsymbol{b}_c\boldsymbol{\theta}_f^{\mathrm{T}}\boldsymbol{\xi}(X) < 0 \end{cases} \tag{6-40}$$

式中，投影算子 $P\{*\}$ 取为

$$P\{-\gamma_1\boldsymbol{E}^{\mathrm{T}}\boldsymbol{P}\boldsymbol{b}_c\boldsymbol{\xi}(X)\} = -\gamma_1\boldsymbol{E}^{\mathrm{T}}\boldsymbol{P}\boldsymbol{b}_c\boldsymbol{\xi}(X) + \gamma_1\boldsymbol{E}^{\mathrm{T}}\boldsymbol{P}\boldsymbol{b}_c\frac{\boldsymbol{\theta}_f\boldsymbol{\theta}_f^{\mathrm{T}}\boldsymbol{\xi}(X)}{\|\boldsymbol{\theta}_f\|^2} \tag{6-41}$$

③ 采用下面的自适应律来调整参数向量 $\boldsymbol{\theta}_g$。

当 $\boldsymbol{\theta}_g$ 的某一个分量 $\theta_{gi} = \varepsilon$ 时，有

$$\dot{\theta}_{gi} = \begin{cases} -\gamma_1\boldsymbol{E}^{\mathrm{T}}\boldsymbol{P}\boldsymbol{b}_c\xi_i(X)u_c, & \boldsymbol{E}^{\mathrm{T}}\boldsymbol{P}\boldsymbol{b}_c\boldsymbol{\theta}_g^{\mathrm{T}}\xi_i(X)u_c < 0 \\ 0, & \boldsymbol{E}^{\mathrm{T}}\boldsymbol{P}\boldsymbol{b}_c\boldsymbol{\theta}_g^{\mathrm{T}}\xi_i(X)u_c \geqslant 0 \end{cases} \tag{6-42}$$

式中，$\xi_i(X)$ 为向量 $\boldsymbol{\xi}(X)$ 的第 i 个分量。

否则,采用

$$\dot{\boldsymbol{\theta}}_g=\begin{cases}-\gamma_2\boldsymbol{E}^{\mathrm{T}}\boldsymbol{P}\boldsymbol{b}_c\boldsymbol{\xi}(X)u_c, & \|\boldsymbol{\theta}_g\|<M_g \text{ 或},\\ & \|\theta_g\|=M_g \text{ 且 } \boldsymbol{E}^{\mathrm{T}}\boldsymbol{P}\boldsymbol{b}_c\boldsymbol{\theta}_g^{\mathrm{T}}\boldsymbol{\xi}(X)u_c\geqslant 0\\ P\{-\gamma_2\boldsymbol{E}^{\mathrm{T}}\boldsymbol{P}\boldsymbol{b}_c\boldsymbol{\xi}(X)u_c\}, & \\ & \|\boldsymbol{\theta}_g\|=M_g \text{ 且 } \boldsymbol{E}^{\mathrm{T}}\boldsymbol{P}\boldsymbol{b}_c\boldsymbol{\theta}_g^{\mathrm{T}}\boldsymbol{\xi}(X)u_c<0\end{cases}\tag{6-43}$$

式中,投影算子 $P\{*\}$ 定义为

$$P\{-\gamma_2\boldsymbol{E}^{\mathrm{T}}\boldsymbol{P}\boldsymbol{b}_c\boldsymbol{\xi}(X)u_c\}=-\gamma_2\boldsymbol{E}^{\mathrm{T}}\boldsymbol{P}\boldsymbol{b}_c\boldsymbol{\xi}(X)u_c+\gamma_2\boldsymbol{E}^{\mathrm{T}}\boldsymbol{P}\boldsymbol{b}_c\frac{\boldsymbol{\theta}_g\boldsymbol{\theta}_g^{\mathrm{T}}\boldsymbol{\xi}(X)u_c}{\|\boldsymbol{\theta}_g\|^2}\tag{6-44}$$

2. 稳定性分析

间接型稳定自适应模糊控制器具有多种性能。

定理 6.6　考虑式(6-7)的控制对象,其中控制量为式(6-16),u_c 和 u_s 分别采用式(6-11)和式(6-19),$\hat{f}(\boldsymbol{X}|\boldsymbol{\theta}_f)$ 和 $\hat{g}(\boldsymbol{X}|\boldsymbol{\theta}_g)$ 分别取式(6-38)和式(6-39),同时假设 6.1 和 6.2 成立,则总体控制方案如图 6-1 所示,系统将具有如下性能:

(1) $\|\boldsymbol{\theta}_f(t)\|\leqslant M_f$, $\|\boldsymbol{\theta}_g\|\leqslant M_g$, $\boldsymbol{\theta}_g$ 的所有分量均大于等于 $\varepsilon(\theta_{gi}\geqslant\varepsilon)$,

$$|X(t)|\leqslant|Y_m|+\left(\frac{2\bar{V}}{\lambda_{\min}}\right)^{\frac{1}{2}}\tag{6-45}$$

并且

$$\begin{aligned}|u(t)|\leqslant&\frac{1}{\varepsilon}\left[M_f+|y_m^{(n)}|+|k|\left(\frac{2\bar{V}}{\lambda_{\min}}\right)^{\frac{1}{2}}\right]+\\&\frac{1}{g_L}\left\{M_f+|f^U(X)|+\frac{1}{\varepsilon}(M_g+g^U)\times\right.\\&\left.\left[M_f+|y_m^{(n)}|+|K|\left(\frac{2\bar{V}}{\lambda_{\min}}\right)^{\frac{1}{2}}\right]\right\}\end{aligned}\tag{6-46}$$

对所有 $t\geqslant 0$ 成立,式中 $\lambda_{\min}$ 为矩阵 $\boldsymbol{P}$ 的最小特征值,$Y_m=(y_m,\dot{y}_m,\cdots,y_m^{(n-1)})^{\mathrm{T}}$。

(2) $$\int_0^t \| E(\tau) \|^2 \mathrm{d}\tau \leqslant a + b\int_0^t | w(\tau) |^2 \mathrm{d}\tau \tag{6-47}$$

对所有的 $t \geqslant 0$ 成立,式中 a,b 为常数,w 为式(6-25)定义的最小近似误差。

(3) 如果 w 的平方可积,即 $\int_0^\infty | w(t) |^2 \mathrm{d}t < \infty$,则

$$\lim_{t\to\infty} | e(t) | = 0 \tag{6-48}$$

该定理的证明见附录。

6.1.7 仿真研究——倒立摆跟踪控制问题

在本节中,将这种间接型稳定的自适应模糊控制用于倒立摆系统中,研究它在跟踪一条正弦轨迹的控制问题中的应用。倒立摆系统(或车杆系统)如图 6-2 所示。

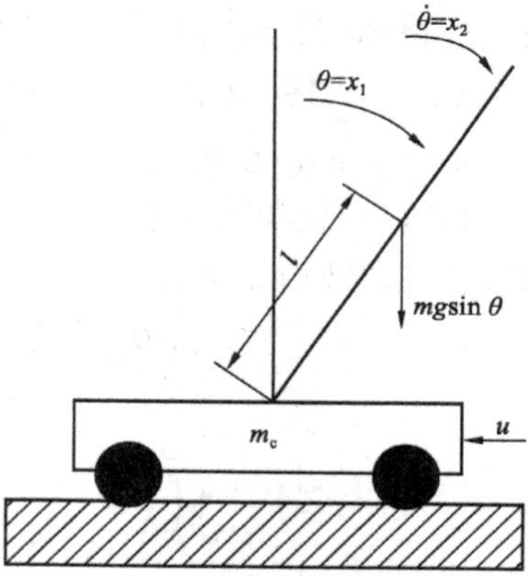

图 6-2 倒立摆小车系统

设 $x_1 = \theta$,$x_2 = \dot{\theta}$,据研究,倒立摆系统的动态方程为

$$\begin{cases} \dot{x}_1 = x_2 \\ \dot{x}_2 = \dfrac{g\sin x_1 - \dfrac{mlx_2^2 \cos x_1 \sin x_1}{m_c + m}}{l\left(\dfrac{4}{3} - \dfrac{m\cos^2 x_1}{m_c + m}\right)} + \dfrac{\dfrac{\cos x_1}{m_c + m}}{l\left(\dfrac{4}{3} - \dfrac{m\cos^2 x_1}{m_c + m}\right)} \\ y = x_1 \end{cases} \tag{6-49}$$

式中，$g=9.8\ \mathrm{m/s^2}$ 为重力加速度，m_c 为车的质量，m 为杆的质量，l 等于 1/2 杆长，u 为外作用力（控制量）。在以下的仿真中，选 $m_c=1$ kg，$m=0.1$ kg，$l=0.5$ m。显然，式(6-49)具有式(6-7)的形式，因此自适应模糊控制器可以用于这个系统。在仿真中，将参考信号选为 $y_m(t)=\frac{\pi}{30}\sin t$（当然也可选为其他形式）。

为了将自适应模糊控制其用于这个系统，首先需要确定 $|f^U(x)|$，$g^U(x)$ 和 $g_L(x)$ 的界。对此系统，我们有

$$|f(x_1,x_2)|=\left|\frac{g\sin x_1-\dfrac{mlx_2^2\cos x_1\sin x_1}{m_c+m}}{l\left(\dfrac{4}{3}-\dfrac{m\cos^2 x_1}{m_c+m}\right)}\right|$$

$$\leqslant\frac{9.8+\dfrac{0.025}{1.1}x_2^2}{\dfrac{2}{3}-\dfrac{0.05}{1.1}}=15.78+0.0366x_2^2=f^U(x_1,x_2)\tag{6-50}$$

$$|g(x_1,x_2)|=\left|\frac{\dfrac{\cos x_1}{m_c+m}}{l\left(\dfrac{4}{3}-\dfrac{m\cos^2 x_1}{m_c+m}\right)}\right|$$

$$\leqslant\frac{1}{1.1\left(\dfrac{2}{3}-\dfrac{0.05}{1.1}\right)}=1.46=g^U(x_1,x_2)\tag{6-51}$$

如果要求满足 $|x_1|\leqslant\frac{\pi}{6}$（我们将适当选择设计参数，来满足这一要求），则

$$|g(x_1,x_2)|\geqslant\frac{\cos\dfrac{\pi}{6}}{1.1\left(\dfrac{2}{3}+\dfrac{0.05}{1.1}\cos^2\dfrac{\pi}{6}\right)}=1.12=g_L(x_1,x_2)\tag{6-52}$$

现假设要求

$$|x_1|\leqslant\frac{\pi}{6},且|u|\leqslant 180\tag{6-53}$$

由于 $|x_1| \leqslant (|x_1|^2 + |x_2|^2)^{1/2} = \|\boldsymbol{X}\|$，如果能使 $\|\boldsymbol{X}\| \leqslant \frac{\pi}{6}$，则自然就有 $|x_1| \leqslant \frac{\pi}{6}$，同样也有 $|x_2| \leqslant \frac{\pi}{6}$。

现首要任务变成如何根据式(6-45)和式(6-46)，确定出设计参数 $\bar{V}, k_1, k_2, \varepsilon, M_f, M_g$，使之满足约束条件(6-53)。由于 $|y_m| \leqslant \frac{\pi}{30}$，如果能确定出 $\bar{V}$ 和 $\lambda_{\min}$，使之满足 $\left(\frac{2\bar{V}}{\lambda_{\min}}\right)^{\frac{1}{2}} \leqslant \frac{2\pi}{15}$，则根据式(6-45)，有

$$\|\boldsymbol{X}\| \leqslant \frac{\pi}{30} + \frac{2\pi}{15} = \frac{\pi}{6}$$

又因为设计参数的数目大于约束条件的数目，因此在选择设计参数时享有一定的自由度。为简便起见，设 $k_1 = 2, k_2 = 1$（这样，$s^2 + k_1 s + k_2$ 是稳定的），$\boldsymbol{Q} = \mathrm{diag}(10, 10)$。然后，解式(6-3)可得

$$\boldsymbol{P} = \begin{bmatrix} 15 & 5 \\ 5 & 5 \end{bmatrix} \tag{6-54}$$

当 $\lambda_{\min} = 2.93$ 时，上述 $\boldsymbol{P}$ 是正定的。为了满足 $\|\boldsymbol{X}\|$ 的约束条件，选择

$$\bar{V} = \frac{\lambda_{\min}}{2}\left(\frac{2\pi}{15}\right)^2 = 0.267$$

最后，根据式(6-46)，可以确定出满足 $|u| \leqslant 180$ 的 M_f 和 ε。同样，在选取 M_f 和 ε 时，也享有自由度。经过几次试验和误差反馈以后，选取 $M_f = 5.8$，$M_g = 16$，$\varepsilon = 0.86$。根据式(6-45)和式(6-46)不难验证，这样选择的设计参数能够保证状态和控制量满足式(6-53)的约束。

到此为止，已完成了离线预处理，也就是完成了设计的第一步骤。下面，将在倒立摆跟踪控制问题中，对间接型稳定模糊控制器进行仿真。

例 假设不存在任何形如式(6-43)和式(6-44)的语言规则。选 $m_1, m_2 = 5$。由于对于 $i = 1, 2$ 而言，均有 $|x_i| \leqslant \pi/6$，因此选择

$$\mu_{F_i^1}(x_i) = \exp\left[-\left(\frac{x_i + \pi/6}{\pi/24}\right)^2\right], \mu_{F_i^2}(x_i) = \exp\left[-\left(\frac{x_i + \pi/12}{\pi/24}\right)^2\right],$$

$$\mu_{F_i^3}(x_i)=\exp\left[-\left(\frac{x_i}{\pi/24}\right)^2\right],\ \mu_{F_i^4}(x_i)=\exp\left[-\left(\frac{x_i-\pi/12}{\pi/24}\right)^2\right],$$

$$\mu_{F_i^5}(x_i)=\exp\left[-\left(\frac{x_i-\pi/6}{\pi/24}\right)^2\right]$$

这种选择显然覆盖了 $[-\pi/6,\pi/6]$ 整个区间。从 $f(x_1,x_2)$ 和 $g(x_1,x_2)$ 的界(式(6-50)~式(6-52))中可以看到,$f(x_1,x_2)$ 的取值范围比 $g(x_1,x_2)$ 的取值范围要大得多,因此选 $\gamma_1=50,\gamma_2=1$。初始参数 $\theta_f(0)$ 在 $[-3,3]$ 的区间内随机选取,$\theta_g(0)$ 在 $[1,1.3]$ 的区间内随机选取。采样时间为 0.01 s。

图 6-3 和图 6-4 给出了初始条件为 $X(0)=(-\pi/60,0)^{\mathrm T}$ 时的仿真结果。其中图 6-3 给出的是状态 $x_1(t)$ 的曲线图,图 6-4 给出的是状态 $x_2(t)$ 的曲线图。

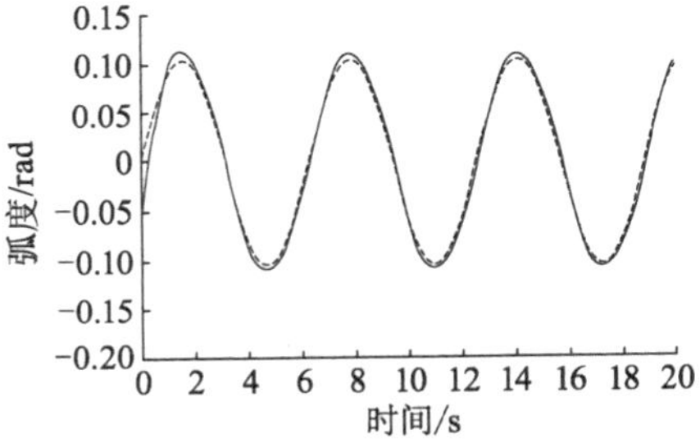

图 6-3　初始条件为 $X(0)=(-\pi/60,0)^{\mathrm T}$ 的状态 $X_1(t)$(实线)和其期望值 $y_m(t)=\pi/30\sin t$(虚线)的曲线图

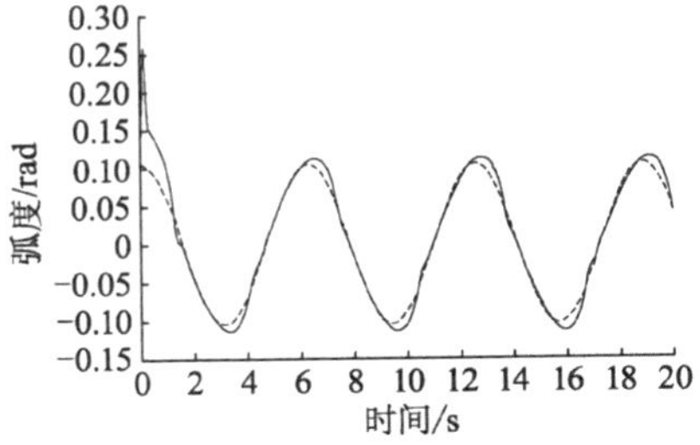

图 6-4　初始条件为 $X(0)=(-\pi/60,0)^{\mathrm T}$ 的状态 $x_2(t)$(实线)和其期望值 $\dot{y}_m(t)=\pi/30\cos t$(虚线)的曲线图

图 6-5 和图 6-6 给出了初始条件为 $X(0)=(-\pi/60,0)^T$ 时，并采用监督控制 u_s 的仿真结果。其中，图 6-5 给出的是状态 $x_1(t)$ 的曲线图，图 6-6 给出的是状态 $x_2(t)$ 的曲线图。

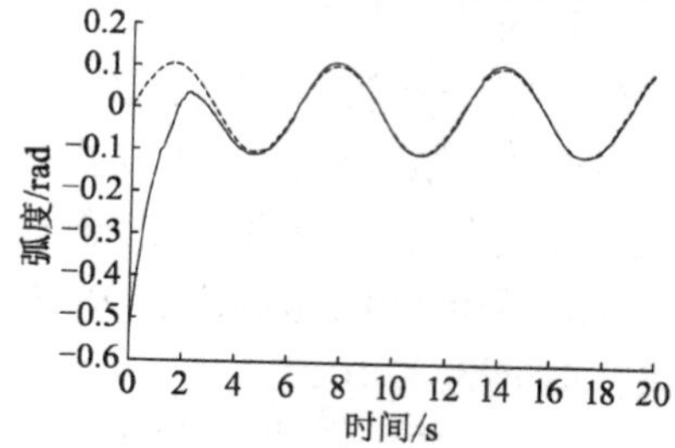

图 6-5　初始条件为 $X(0)=(-\pi/4,0)^T$，采用监督控制 u_s 时的状态 $x_1(t)$（实线）和其期望值 $y_m(t)=\pi/30\sin t$（虚线）的响应曲线图

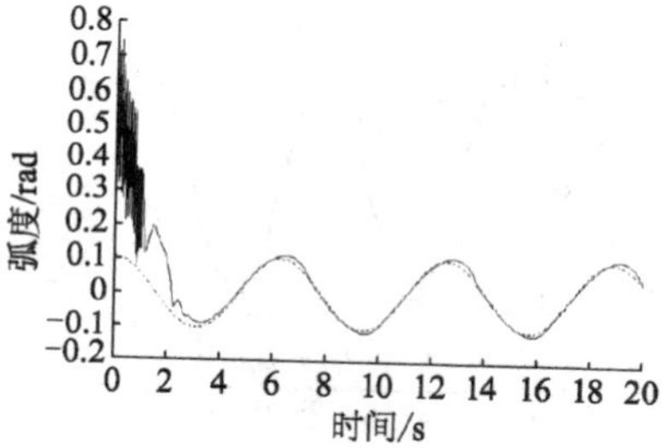

图 6-6　初始条件为 $X(0)=(-\pi/4,0)^T$，采用监督控制 u_s 时的状态 $x_2(t)$（实线）和其期望值 $\dot{y}_m(t)=\pi/30\cos t$（虚线）的响应曲线图

图 6-7 和图 6-8 给出了初始条件为 $X(0)=(-\pi/6,0)^T$ 时，未加监督控制 u_s 的仿真结果。其中，图 6-7 给出的是状态 $x_1(t)$ 的曲线图，图 6-8 给出的是状态 $x_2(t)$ 的曲线图。

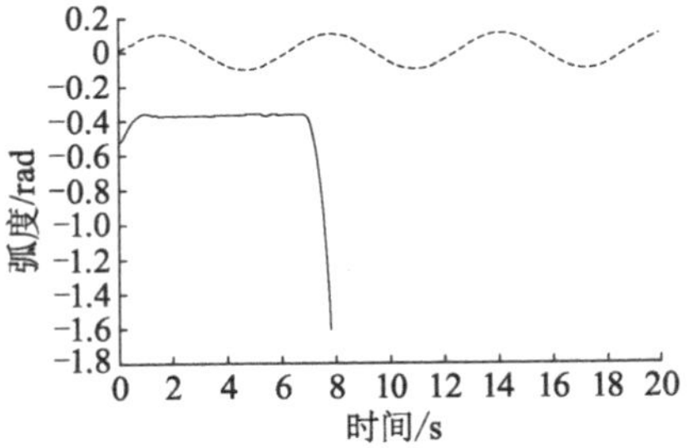

图 6-7　初始条件为 $x_0=(-\pi/4,0)^T$,未加监督控制 u_s 时的状态 $x_1(t)$(实线)和其期望值 $y_m(t)=\pi/30\sin t$(虚线)的响应曲线图

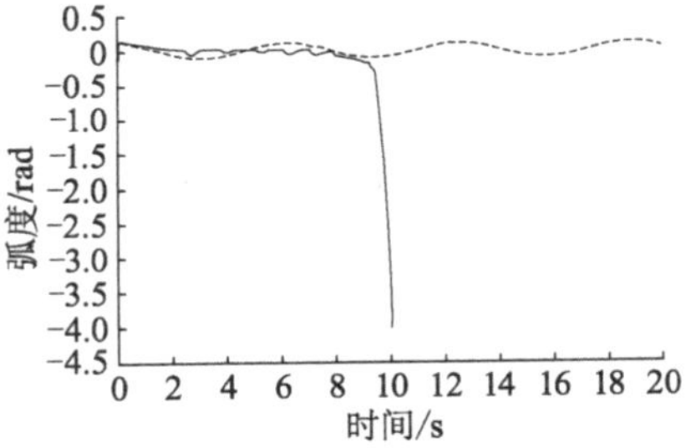

图 6-8　初始条件为 $x_0=(-\pi/4,0)^T$,未加监督控制 u_s 时的状态 $x_2(t)$(实线)和其期望值 $\dot{y}_m(t)=\pi/30\cos t$(虚线)的响应曲线图

从上述的曲线图可得出如下结论:间接型稳定自适应模糊控制器能够在没有任何语言规则的情况下,较好地控制倒立摆跟踪上期望的轨迹。当杆的初始角度较大时,如果不加监督控制,则系统发散,无法跟踪上期望信号;如果采用监督控制的方法,则仍然能较好地跟踪上期望信号。该结果表明,监督控制 u_s 是有效的,可以保证所有参数的一致有界。

6.2 基于模糊 T－S 神经网络的直接型稳定自适应控制器

在本节中,我们将构造一类基于模糊 T－S 神经网络的稳定直接型自适应控制器。正如6.1.1 中提到过的,直接型稳定自适应模糊控制是把自适应模糊系统直接用作控制器,并且这种控制器也能够利用模糊控制规则。下面将在 6.2.2 中给出构造直接型稳定自适应模糊控制器的基本思路;在 6.2.3 中给出基于模糊 T－S 神经网络的稳定直接型自适应控制器的详细设计步骤,并进行性能分析;在 6.2.4 中给出仿真结果。

6.2.1 T－S 模糊神经网络

1. 模糊系统的 T－S 模型

由于 MIMO 的模糊规则可分解为多个 MISO 模糊规则,因此下面只讨论 MISO 模糊系统的模型。

在 5.3.2 中,已经简单介绍过模糊系统的 T－S 模型:

R_j: If X_1 is $A_1^{\ j}$, X_2 is $A_2^{\ j}$, $\cdots$, X_n is $A_n^{\ j}$,

$$\text{Then } y_j = b_{j0} + b_{j1}x_1 + \cdots b_{jn}x_n \tag{6-55}$$

其中,$j=1,2,\cdots,m$, m_i 是 x_i 的模糊分割数。若输入量采用单点模糊集合的模糊化方法,则对于给定的输入,可以求得对于每条规则的适用度为

$$\alpha_j = \mu_{A_1^j}(x_1)\mu_{A_2^j}(x_2)\cdots\mu_{A_n^j}(x_n) \tag{6-56}$$

模糊系统的输出量为每条规则的输出量的加权平均,即

$$y = \sum_{j=1}^{m} \alpha_j y_j / \sum_{j=1}^{m} \alpha_j = \sum_{j=1}^{m} \overline{\alpha}_j y_j \tag{6-57}$$

其中,$\overline{\alpha}_j = \alpha_j / \sum_{j=1}^{m} \alpha_j$。 (6-58)

2. 标准 T－S 模糊神经网络结构

根据上面给出的模糊模型,可以构造出图 6-9 所示的模糊神经网络。该网络由前件网络和后件网络两部分组成,前件网络用来匹配模糊规则的前件,后件网络用来产生模糊规则的后件。

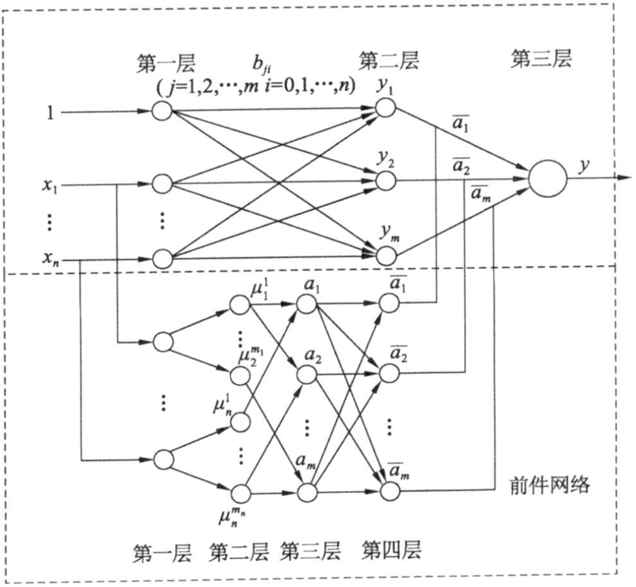

图 6-9　标准 T－S 模糊神经网络结构图

（1）前件网络

前件网络由四层组成。第一层为输入层。它的每个节点直接与输入向量 x_i 连接，它起着将输入值 $[x_1, x_2, \cdots, x_n]^T$ 传送到下一层的作用。该层的的节点数 $N_1 = n$。

第二层每个节点代表一个语言变量值，如 NM，PS 等。它的作用是计算各输入分量属于各语言变量值模糊集合的隶属度函数

$$\mu_{A_i^j}(x_i)$$

式中，$i = 1, 2\cdots, n$；$j = 1, 2\cdots, m_i$；n 是输入量的维数；m_i 是 x_i 的模糊分割数。

第三层的每个节点代表一条规则，它的作用是用来匹配模糊规则的前件，计算出每条规则的适用度，即

$$\partial_j = \mu_1^{i_1} \mu_2^{i_2} \cdots \mu_n^{i_n} \tag{6-59}$$

式中，$i_1 \in \{1, 2, \cdots, m_1\}$，$i_2 \in \{1, 2, \cdots, m_2\}$，$\cdots$，$i_n \in \{1, 2, \cdots, m_n)\}$；$j = 1, 2, \cdots, m$，$m = \prod_{i=1}^{n} m_i$。该节的节点总数 $N_3 = m$。

第四层的节点数与第三层相同，即 $N_4 = N_3 = m$，，它所实现的是归一化计算，即

$$\overline{\partial_j} = \partial j / \sum_{j=1}^{m} \partial j,\ j = 1,2,\cdots,m \tag{6-60}$$

（2）后件网络

第一层是输入层，它将输入变量传送到第二层。输出层中第 0 个节点输入值 $x_0 = 1$，它的作用是提供模糊规则后件中的常数项。

第二层共有 m 个节点，每个节点代表一条规则，该层的作用是计算每一条规则的后件，即

$$y_j = b_{j0} + b_{j1}x_1 + \cdots + b_{jn}x_n = \sum_{k=0}^{n} b_{jk}x_k,\ j = 1,2,\cdots,m \tag{6-61}$$

第三层是计算系统的输出，即

$$y = \sum_{j=1}^{m} \overline{\alpha}_j y_j \tag{6-62}$$

可见，y 是规则后件的加权和，加权系数为各模糊规则经归一化的适用度，也即前件网络的输出用作后件网络第三层的权值。

至此，图 6-8 所示的神经网络完全实现了 T－S 模糊系统模型。

3. 一种简化的 T－S 模糊神经网络结构

以上介绍了标准的 T－S 模糊神经网络结构。为了能够根据李亚普诺夫稳定性定理设计调整权值的自适应律，提出一种简化的 T－S 模糊神经网络，如图 6-10 所示。

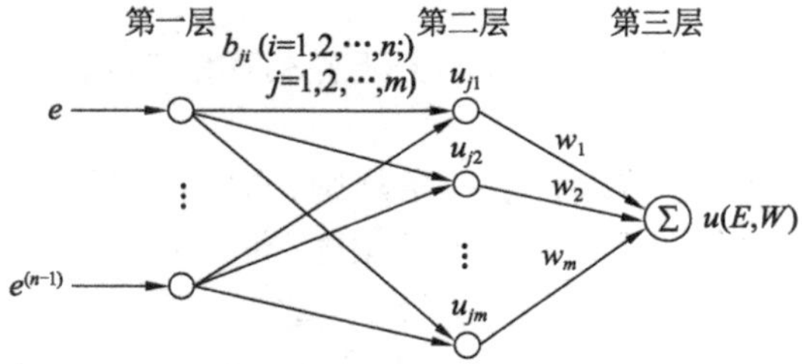

图 6-10　一种简化的 T－S 模糊神经网络结构图

（1）第一层。

第一层是输入层，该层的输入变量为误差及各阶导数 $\boldsymbol{E}=[e,\dot{e},\cdots,e^{(n-1)}]$，其作用是将这些变量值传递给下一层网络。

（2）第二层。

第二层共有 m 个节点，每个节点代表一个规则，该层的作用是计算每一条规则的后件，即

$$u_{fj}=b_{j1}e+b_{j2}\dot{e}+\cdots+b_{jn}e^{(n-1)}\,,\ j=1,2,\cdots,m \tag{6-63}$$

式中，m 为规则参数。

（3）第三层。

该层是计算系统的输出，即

$$u(\boldsymbol{E},\boldsymbol{W})=\sum_{j=1}^{n}u_{fj}w_j=\boldsymbol{W}^{\mathrm{T}}\boldsymbol{u}_f \tag{6-64}$$

式中，$\boldsymbol{W}=[w_1,w_2,\cdots,w_n]^{\mathrm{T}}$，$\boldsymbol{u}_f=[u_{f1},u_{f2},\cdots,u_{fm}]^{\mathrm{T}}$。

很显然，该网络是简化了的标准网络。标准网络的前件网络输出值直接由权值向量 $\boldsymbol{W}$ 代替。采用权值向量的形式有利于根据稳定性定理设计满足稳定性要求的权值调整自适应律，从而保证系统的稳定。在下一节将详细介绍调整权值向量 $\boldsymbol{W}$ 的自适应律。

6.2.2　基于 T－S 模糊神经网络的直接型稳定自适应控制器的设计

1. 控制对象和控制任务

控制对象选择：

$$x(n)=f(x,\dot{x},\cdots,x^{(n-1)})+g(x,\dot{x},\cdots,x^{(n-1)})u,y=x$$

控制目标就是基于 T－S 模糊神经网络，建立一个反馈控制 $u=u(\boldsymbol{E},\boldsymbol{W})$ 和一个调整权值向量 $\boldsymbol{W}$ 的自适应律，使得：

（1）在满足所有变量 $\boldsymbol{X}(t)$，$\boldsymbol{W}$ 一致有界的条件下，闭环系统具有全局稳定性。即对所有的 $t\geqslant0$，都有 $\|\boldsymbol{X}(t)\|\leqslant M_x<\infty$，$\|\boldsymbol{W}\|\leqslant M_w<\infty$ 成立，式中的 M_x，M_w 为设计者自定参数。

（2）在满足约束条件（1）的情况下，跟踪误差 $e=y_m-y$ 应尽可能小。

2. 自适应律设计方案

设系统的总体控制 u 包括基本控制 $u(\boldsymbol{E},\boldsymbol{W})$ 和监督控制 u_s 两部分，即

$$u=u(\boldsymbol{E},\boldsymbol{W})+u_s \tag{6-65}$$

式中，$u(\boldsymbol{E},\boldsymbol{W})$ 为式(6-12)的形式。下面将讨论如何确定 u_s，将上式代入

$$x^{(n)}=f(x,\dot{x},\cdots x^{(n-1)})+g(x,\dot{x},\cdots,x^{(n-1)})u,$$

可得

$$x^{(n)}=f(\boldsymbol{X})+g(\boldsymbol{X})[u(\boldsymbol{E},\boldsymbol{W})+u_s] \tag{6-66}$$

如果 f 和 g 已知，则可知最优控制律为

$$u^*=\frac{1}{g(\boldsymbol{X})}[-f(\boldsymbol{X})+y_m^{(n)}+\boldsymbol{K}^{\mathrm{T}}\boldsymbol{E}] \tag{6-67}$$

系统在 u^* 作用下将迫使 e 收敛到零，其中 $\boldsymbol{E}=(e,\dot{e},\cdots,e^{(n-1)})^{\mathrm{T}}$，且 $\boldsymbol{K}=(k_n,\cdots,k_1)^{\mathrm{T}}\in\mathbf{R}^n$ 为特征方程使

$$s^n+k_1s^{n-1}+\cdots+k_n=0$$

所有根位于左半开平面上的系数。将式(6-67)代入式(6-66)，可得

$$\begin{aligned}x^{(n)}&=f(\boldsymbol{X})+g(\boldsymbol{X})[u(\boldsymbol{E},\boldsymbol{W})+u_s]+g(\boldsymbol{X})u^*-g(\boldsymbol{X})u^*\\&=f(\boldsymbol{X})+g(\boldsymbol{X})[u(\boldsymbol{E},\boldsymbol{W})+u_s-u^*]+\\&\quad[-f(\boldsymbol{X})+y_m^{(n)}+\boldsymbol{K}^{\mathrm{T}}\boldsymbol{E}]\\&=y_m^{(n)}+g(\boldsymbol{X})[u(\boldsymbol{E},\boldsymbol{W})+u_s-u^*]+\boldsymbol{K}^{\mathrm{T}}\boldsymbol{E}\end{aligned}$$

因此闭环系统的误差方程为

$$e^{(n)}=-\boldsymbol{K}^{\mathrm{T}}+g(\boldsymbol{X})[u^*-u(\boldsymbol{E},\boldsymbol{W})-u_s] \tag{6-68}$$

或等效为

$$\dot{\boldsymbol{E}}=\boldsymbol{A}_c\boldsymbol{E}+\boldsymbol{b}_cg(X)[u^*-u(\boldsymbol{E},\boldsymbol{w})-u_s] \tag{6-69}$$

式中，$\boldsymbol{A}_c$，$\boldsymbol{b}_c$ 和式(6-14)相同。定义 $V_e=\frac{1}{2}\boldsymbol{E}^{\mathrm{T}}\boldsymbol{P}\boldsymbol{E}$，式中 $\boldsymbol{P}$ 满足李亚普诺夫方程式

$$\boldsymbol{A}_c{}^{\mathrm{T}}\boldsymbol{P}+\boldsymbol{P}\boldsymbol{A}_c=-\boldsymbol{Q}$$

利用该方程式和式(6-69)，可得

$$\begin{aligned}\dot{V}_e &= \frac{1}{2}\dot{\boldsymbol{E}}^{\mathrm{T}}\boldsymbol{PE} + \frac{1}{2}\boldsymbol{E}^{\mathrm{T}}\boldsymbol{P}\dot{\boldsymbol{E}} \\ &= -\frac{1}{2}\boldsymbol{E}^{\mathrm{T}}\boldsymbol{QE} + \boldsymbol{E}^{\mathrm{T}}\boldsymbol{Pb}_c[(\hat{f}-f) + (\hat{g}-g)u_c - gu_s] \\ &\leqslant -\frac{1}{2}\boldsymbol{E}^{\mathrm{T}}\boldsymbol{QE} + |\boldsymbol{E}^{\mathrm{T}}\boldsymbol{Pb}_c|\,[\,|\hat{f}| + |f| + |\hat{g}u_c| + |gu_c|\,] - \\ &\quad \boldsymbol{E}^{\mathrm{T}}\boldsymbol{Pb}_c g u_s \end{aligned} \tag{6-70}$$

由假设 6.1 可知，存在这样三个函数 $f^U(\boldsymbol{X})$，$g^U(\boldsymbol{X})$ 及 $g_L(\boldsymbol{X})$，使得 $|f(\boldsymbol{X})| \leqslant f^U(\boldsymbol{X})$，且 $|g_L(\boldsymbol{X})| \leqslant g(\boldsymbol{X}) \leqslant g^U(\boldsymbol{X})$，式中 $\boldsymbol{X} \in U_c$ 且有 $f^U(\boldsymbol{X}) < \infty$，$g^U(\boldsymbol{X}) < \infty$，$g_L(\boldsymbol{X}) > 0$。将监督控制 u_s 选为如下形式：

$$\begin{aligned} u_s = I_1^*\ \mathrm{sgn}(\boldsymbol{E}^{\mathrm{T}}\boldsymbol{Pb}_c)\frac{1}{g_L(x)} \times [f^U(\boldsymbol{X}) + |y_m^{(n)}| + |\boldsymbol{K}^{\mathrm{T}}\boldsymbol{E}| + \\ |g^U u(\boldsymbol{E},\boldsymbol{W})|\,] \end{aligned} \tag{6-71}$$

式中，$I_1^* = \begin{cases}1, & V_e > \bar{V}, \\ 0, & V_e \leqslant \bar{V},\end{cases}$ $\bar{V}$为设计者确定的一个常量。同时，

$$\mathrm{sgn}(\boldsymbol{E}^{\mathrm{T}}\boldsymbol{Pb}_c) = \begin{cases}1, & \boldsymbol{E}^{\mathrm{T}}\boldsymbol{Pb}_c \geqslant 0 \\ -1, & \boldsymbol{E}^{\mathrm{T}}\boldsymbol{Pb}_c < 0\end{cases}$$

即当 $V_e > \bar{V}$时，u_s 才发生作用。此时，将式(6-71)和式(6-67)代入式(6-70)，得到

$$\begin{aligned}\dot{V}_e &\leqslant -\frac{1}{2}\boldsymbol{E}^{\mathrm{T}}\boldsymbol{QE} + |\boldsymbol{E}^{\mathrm{T}}\boldsymbol{Pb}_c| \times \left[\left(|f| - \frac{g}{g_L}f^u\right) + \left(|y_m^{(n)}| - \frac{g}{g_L}|y_m^{(n)}|\right) + \right. \\ &\quad \left.\left(|\boldsymbol{K}^{\mathrm{T}}\boldsymbol{E}| - \frac{g}{g_L}|\boldsymbol{K}^{\mathrm{T}}\boldsymbol{E}|\right) - \frac{gg^u}{g_L}|u(\boldsymbol{E},\boldsymbol{W})| + |gu(\boldsymbol{E},\boldsymbol{W})|\right] \\ &\leqslant -\frac{1}{2}\boldsymbol{E}^{\mathrm{T}}\boldsymbol{QE} \leqslant 0 \end{aligned} \tag{6-72}$$

由此可见，如果使用式(6-71)的监督控制 u_s，总能使 $V_e \leqslant \bar{V}$。又因为 $\boldsymbol{P} > 0$，则 V_e 的界隐含了 e 的界，而 e 的界又隐含了 X 的界。

下面用式(6-64)的 T－S 模糊神经网络代替 $u(\boldsymbol{E},\boldsymbol{W})$，并提出调节权向量 $\boldsymbol{W}$ 最优的权值系数向量 $\boldsymbol{W}^*$

$$W^* = \arg\min_{\| W \| \leqslant M_W} [\sup_{E \in U_e} | u(\boldsymbol{E}, \boldsymbol{W}) - u^* |] \tag{6-73}$$

U_e 为 $\boldsymbol{E}$ 的可控区域，可由已知的 X 的可控区域 U_c 得到。定义最小近似误差：

$$v = \boldsymbol{W}^{*\mathrm{T}} u_f - u^* = u(\boldsymbol{E}, \boldsymbol{W}^*) - u^* \tag{6-74}$$

则

$$u^* = \boldsymbol{W}^{*\mathrm{T}} u_f - v \tag{6-75}$$

将式(6-74)和式(6-64)代入误差方程式(6-69)，可得

$$\begin{aligned} \dot{\boldsymbol{E}} &= \boldsymbol{A}_c \boldsymbol{E} + \boldsymbol{b}_c g [\boldsymbol{W}^{*\mathrm{T}} u_f - v - \boldsymbol{W}^{\mathrm{T}} u_f - u_s] \\ &= \boldsymbol{A}_c \boldsymbol{E} + \boldsymbol{b}_c g (\boldsymbol{W}^{*\mathrm{T}} - \boldsymbol{W}^{\mathrm{T}}) u_f - \boldsymbol{b}_c g v - \boldsymbol{b}_c g u_s \end{aligned} \tag{6-76}$$

设

$$\boldsymbol{\eta} = \boldsymbol{W}^* - \boldsymbol{W} \tag{6-77}$$

选取李亚普诺夫函数为

$$V = \frac{1}{2} \boldsymbol{E}^{\mathrm{T}} \boldsymbol{P} \boldsymbol{E} + \frac{g(\boldsymbol{X})}{2\gamma} \boldsymbol{\eta}^{\mathrm{T}} \boldsymbol{\eta} \tag{6-78}$$

式中，γ 为正的常数。V 沿轨迹式(6-76)的时间导数为

$$\dot{V} = \frac{1}{2} \boldsymbol{E}^{\mathrm{T}} \boldsymbol{Q} \boldsymbol{E} - \boldsymbol{E}^{\mathrm{T}} \boldsymbol{P} \boldsymbol{b}_c g v + \frac{g(\boldsymbol{X})}{\gamma} \boldsymbol{\eta}^{\mathrm{T}} (-\dot{\boldsymbol{W}} + \gamma \boldsymbol{E}^{\mathrm{T}} \boldsymbol{P} \boldsymbol{b}_c u_f) \tag{6-79}$$

如将自适应律选为

$$\dot{\boldsymbol{W}} = \gamma \boldsymbol{E}^{\mathrm{T}} \boldsymbol{P} \boldsymbol{b}_c u_f \tag{6-80}$$

将式(6-80)代入式(6-79)，可得到

$$\dot{V} = -\frac{1}{2} \boldsymbol{E}^{\mathrm{T}} \boldsymbol{Q} \boldsymbol{E} - \boldsymbol{E}^{\mathrm{T}} \boldsymbol{P} \boldsymbol{b}_c g v - \boldsymbol{E}^{\mathrm{T}} \boldsymbol{P} \boldsymbol{b}_c g u_s \leqslant -\frac{1}{2} \boldsymbol{E}^{\mathrm{T}} \boldsymbol{Q} \boldsymbol{E} - \boldsymbol{E}^{\mathrm{T}} \boldsymbol{P} \boldsymbol{b}_c g y \tag{6-81}$$

式中用到了 $g(\boldsymbol{X}) \boldsymbol{E}^{\mathrm{T}} \boldsymbol{P} \boldsymbol{b}_c u_s \geqslant 0$ 和 $\dot{\boldsymbol{\eta}} = \dot{\boldsymbol{W}}$，这是所能得到的最佳结果。为保证 $\| \boldsymbol{W} \| \leqslant M_W$，将使用投影算法来修正自适应律式(6-80)。

$$\dot{W} = \begin{cases} \gamma \boldsymbol{E}^{\mathrm{T}} \boldsymbol{P} \boldsymbol{b}_c u_f, & \| \boldsymbol{W} \| < M_W \text{ 或}, \\ & \| \boldsymbol{W} \| = M_w \text{ 且 } \gamma \boldsymbol{E}^{\mathrm{T}} \boldsymbol{P} \boldsymbol{b}_c \boldsymbol{W}^{\mathrm{T}} u_f \leqslant 0 \\ p\{\gamma \boldsymbol{E}^{\mathrm{T}} \boldsymbol{P} \boldsymbol{b}_c u_f\}, & \| \boldsymbol{W} \| = M_W \text{ 且 } \gamma \boldsymbol{E}^{\mathrm{T}} \boldsymbol{P} \boldsymbol{b}_c \boldsymbol{W}^{\mathrm{T}} u_f > 0 \end{cases} \tag{6-82}$$

式中，投影算子 $P\{ * \}$ 定义为

$$P\{\gamma \boldsymbol{E}^{\mathrm{T}}\boldsymbol{P}\boldsymbol{b}_c u_f\} = \gamma \boldsymbol{E}^{\mathrm{T}}\boldsymbol{P}\boldsymbol{b} b_c u_f - \gamma \boldsymbol{E}^{\mathrm{T}}\boldsymbol{P}\boldsymbol{b}_c \frac{\boldsymbol{W}\boldsymbol{W}^{\mathrm{T}} u_f}{\|\boldsymbol{W}\|^2} \tag{6-83}$$

6.2.3　系统结构

为了更清楚地说明控制器的结构及工作原理，可以参考系统结构框图（见图 6-11）。

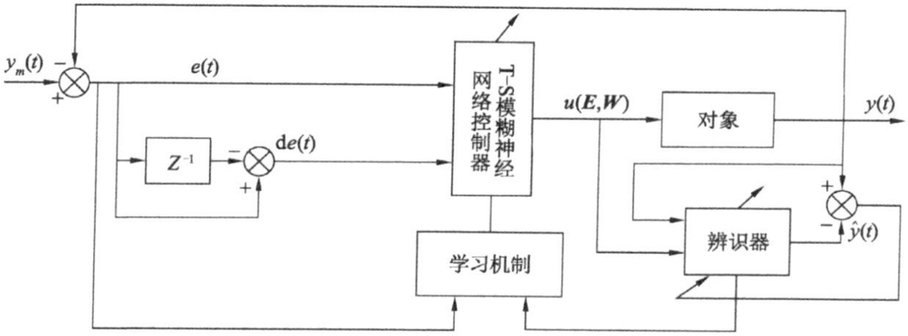

图 6-11　系统结构总框图

图中 T－S 模糊神经网络的结构如图 6-9 所示，需要学习的参数主要是后件系数 b_{ji}（$i=1,2;j=1,2,\cdots,m$）及连接权值 w_j（$j=1,2,\cdots,m$）。

设代价函数为

$$E = \frac{1}{2}(y_m - y)^2,$$

式中，y_m 和 y 分别表示期望输出和实际输出。下面先给出参数 b_{ji} 的学习算法。

$$b_{ji}(k+1) = b_{ji}(k) - \beta \frac{\partial E}{\partial b_{ji}} \tag{6-84}$$

$$\frac{\partial E}{\partial b_{ji}} = \frac{\partial E}{\partial y}\frac{\partial y}{\partial u(\boldsymbol{E},\boldsymbol{W})}\frac{\partial u(\boldsymbol{E},\boldsymbol{W})}{\partial u_{fj}}\frac{\partial u_{fj}}{\partial b_{ji}} = -(y_d - y)\frac{\partial y}{\partial u(\boldsymbol{E},\boldsymbol{W})}w_j x_i \tag{6-85}$$

式中，$i=1,2$；$j=1,2,\cdots,m$；β 为学习步长。

以上式中含有 $\partial y/\partial u(\boldsymbol{E},\boldsymbol{W})$ 这一项，即系统输出量对控制量的梯度信号。由于被控对象是未知的，因此该信息不能直接得到，可采用前馈神经网络作为对象辨识器进行在线辨识,该辨识器的结构和参数学习算法已在第3章详细介绍过,这里不再赘述。

6.2.4 设计步骤和稳定性分析

首先讨论T-S模糊神经网络直接自适应模糊控制器的设计步骤,然后对其进行稳定性分析。

1. 设计步骤

设计步骤如下。

步骤1 离线预处理。

① 确定一组 $k_1,\cdots,k_n$ 使特征方程 $s^n+k_1s^{n-1}+\cdots+k_n=0$ 的所有根均在左半开平面,确定一个正定 $(n\times n)$ 阶的矩阵 $\boldsymbol{Q}$。

② 解李亚普诺夫方程式 $\boldsymbol{Q}=-(\boldsymbol{A}^{\mathrm{T}}\boldsymbol{P}+\boldsymbol{P}\boldsymbol{A})$,获得一个对称的矩阵 $\boldsymbol{P}>0$。

③ 根据实际对象约束条件来设计参数 M_x,M_w,M_u 及 $\bar{V}$。

步骤2 构造初始控制器。

① 设定T-S模糊神经网络后件系数 b_{ij} 和权值向量 $\boldsymbol{W}$ 的初始值,满足 $\|\boldsymbol{W}\|\leqslant M_w<\infty$,$|u|\leqslant M_u<\infty$。

② 如果可以从专家得到信息,则可根据这些信息构造 b_{ij} 和 $\boldsymbol{W}$ 的初始值。

步骤3 在线自适应调节。

① 将反馈控制式(6-65)用于控制对象式(6-7),其中,$u(\boldsymbol{E},\boldsymbol{W})$ 和 u_s 分别采用式(6-64)和式(6-71)。

② 采用式(6-81)和式(6-82)自适应调整权值向量 $\boldsymbol{W}$。

2. 稳定性分析

定理6.7 在控制对象式(6-7)中,采用式(6-64)的控制方式,其中 $u(\boldsymbol{E},\boldsymbol{W})$ 和 u_s 分别采用式(6-64)和式(6-71),设参数向量 $\boldsymbol{W}$ 由自适应律式(6-81)调节,并设假设6.1成立,则该直接型自适应控制器具有如下性能:

$$(1)\quad \|\boldsymbol{W}\|\leqslant M_W,\ \|\boldsymbol{X}(t)\|\leqslant\|\boldsymbol{Y}_m\|+\left(\frac{2\bar{V}}{\lambda_{\min}}\right)^{\frac{1}{2}} \tag{6-86}$$

$$|u(t)| \leqslant \frac{1}{g_L} \times \left[f^u + |y_m^n| + \|\boldsymbol{K}\| \left(\frac{2\bar{V}}{\lambda_{\min}} \right)^{\frac{1}{2}} \right] + \left(1 + \frac{g^u}{g_L} \right) M_W M_u \tag{6-87}$$

对所有 $t \geqslant 0$ 成立，式中 $\lambda_{\min}$ 为矩阵 $\boldsymbol{P}$ 的最小特征值，$\boldsymbol{Y}_m = (y_m, \dot{y}_m, \cdots, y_m^{(n-1)})^{\mathrm{T}}$。

(2) $$\int_0^t |E(\tau)|^2 \mathrm{d}\tau \leqslant a + b\int_0^t |v(\tau)|^2 \mathrm{d}\tau \tag{6-88}$$

对所有的 $t \geqslant 0$，式中 a,b 为常数，v 为由式(6-78)定义的最小近似误差。

(3) 如果 v 平方可积，即 $\int_0^\infty |v(t)|^2 \mathrm{d}t < \infty$，则

$$\lim_{t \to \infty} |e(t)| = 0 \tag{6-89}$$

6.2.5　仿真研究

下面将这种基于 T－S 模糊神经网络的直接型稳定自适应控制器用于倒立摆控制系统中，研究其在跟踪一条正弦轨迹控制问题中的应用。倒立摆系统（或车杆系统）如图 6-2 所示。

设 $x_1 = \theta, x_2 = \dot{\theta}$，动态方程为

$$\begin{cases} \dot{x}_1 = x_2 \\ \dot{x}_2 = \dfrac{g\sin x_1 - \dfrac{mlx_2^2 \cos x_1 \sin x_1}{m_c + m}}{l\left(\dfrac{4}{3} - \dfrac{m\cos^2 x_1}{m_c + m} \right)} + \dfrac{\dfrac{\cos x_1}{m_c + m}}{l\left(\dfrac{4}{3} - \dfrac{m\cos^2 x_1}{m_c + m} \right)} \\ y = x_1 \end{cases}$$

动态方程中的参数意义与取值也均与 6.1.7 相同。在仿真中，参考信号仍然选 $y_m(t) = \pi/30\sin t$。

为了将自适应模糊控制器用于这个系统，首先需要确定 $f^U(x)$，$g^U(x)$ 和 $g_L(x)$ 的界值，这三个函数的界分别采用式(6-50)、式(6-51)和式(6-52)的形式。

现假设

$$|x_1| \leqslant \frac{\pi}{6}，且 |u| \leqslant 180 \tag{6-90}$$

$|x_1| \leqslant (|x_1|^2 + |x_2|^2)^{\frac{1}{2}} = \|\boldsymbol{X}\|$，如果能使 $\|\boldsymbol{X}\| \leqslant \frac{\pi}{6}$，则自然就有 $|x_1| \leqslant \frac{\pi}{6}$，同样 $|x_2| \leqslant \frac{\pi}{6}$。

现在的首要任务是如何根据式(6-86)和式(6-87)，确定出设计参数 $\bar{V}, k_1, k_2, M_W, M_u$，使之满足约束条件。

因为 $\boldsymbol{X} = \boldsymbol{Y}_m - \boldsymbol{E}$，所以

$$\|\boldsymbol{X}\| \leqslant \|\boldsymbol{Y}_m\| + \|\boldsymbol{E}\|$$

由于 $\|\boldsymbol{E}\| \leqslant \left(\frac{2\bar{V}}{\lambda_{\min}}\right)^{\frac{1}{2}}$，所以

$$\|\boldsymbol{X}\| \leqslant \|\boldsymbol{Y}_m\| + \left(\frac{2\bar{V}}{\lambda_{\min}}\right)^{\frac{1}{2}}$$

因为

$$\|\boldsymbol{Y}_m\| = (y_m^2 + \dot{y}_m^2)^{\frac{1}{2}} = (\pi/30\sin^2 t + \pi/30\cos^2 t)^{\frac{1}{2}} = \pi/30$$

如果能确定出 $\bar{V}$ 和 $\lambda_{\min}$，使之满足 $\left(\frac{2\bar{V}}{\lambda_{\min}}\right)^{\frac{1}{2}} \leqslant 2\pi/15$，就有

$$\|\boldsymbol{X}\| \leqslant \pi/30 + 2\pi/15 = \pi/6$$

又因为设计参数的数目大于约束条件的数目，因此在选择设计参数时有一定的自由度。为简便起见，设 $k_1 = 2, k_2 = 1$（这样，$s^2 + k_1 s + k_2$ 是稳定的），$\boldsymbol{Q} = \mathrm{diag}(10,10)$。然后求解式(6-3)可得当 $\boldsymbol{P}$ 是正定的。为了满足 $\|\boldsymbol{X}\|$ 的约束条件，选择 $\bar{V} = \left(\frac{2\pi}{15}\right)^2 = 0.267$。最后，根据式(6-90)，可以确定满足条件 $|u| \leqslant 180$ 的 M_W。经过几次试验，选取 $M_W = 7$。权值向量 $\boldsymbol{W}$ 自适应律正常数 $\gamma = 50$。

到此为止就完成了离线预处理，也就是完成了设计的步骤 1。

下面将在倒立摆跟踪控制问题中，对直接型稳定模糊控制器进行仿真。

本例中假设不存在任何专家信息。选 $m = 25$，T－S 模糊神经网络的学习律 $\beta = 0.8$，权值向量初始值 $W(0)$ 在区间[0,1]上随机选取，后件系数 $b_{ij}(0)$ $(j = 1,2,\cdots,n;\ i = 1,2)$ 在区间[4,6]上随机

选取。

图 6-12 和图 6-13 给出了初始条件为 $\boldsymbol{X}(0)=(-\pi/60,0)^{\mathrm{T}}$ 时的仿真结果。其中，图 6-12 给出的是状态 $x_1(t)$（实线）及其期望值 $y_m(t)=\pi/30\sin t$（虚线）的曲线图，图 6-13 给出的是状态 $x_2(t)$（实线）和其期望值 $\dot{y}_m(t)=\pi/30\cos t$（虚线）的曲线图。

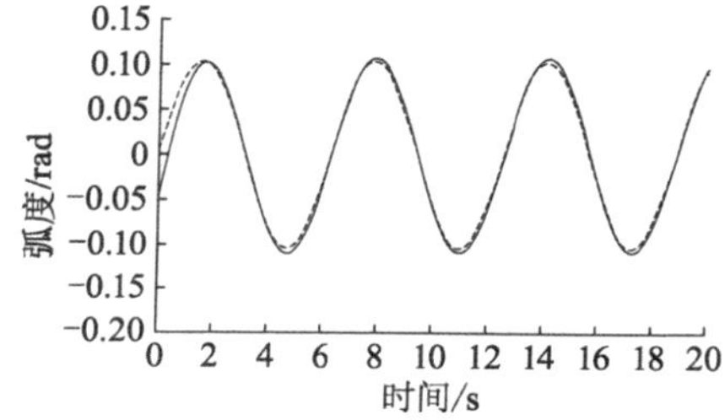

图 6-12　初始条件为 $\boldsymbol{X}(0)=(-\pi/60,0)^{\mathrm{T}}$ 的状态 $x_1(t)$（实线）及其期望值 $y_m(t)=\pi/30\sin t$ 虚线）的曲线图

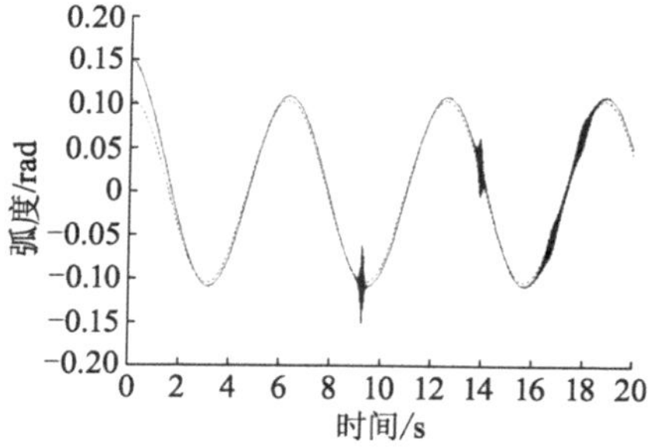

图 6-13　初始条件为 $\boldsymbol{X}(0)=(-\pi/60,0)^{\mathrm{T}}$ 的状态 $x_2(t)$（实线）及其期望值 $\dot{y}_m(t)=\pi/30\cos t$（虚线）的曲线图

图 6-14 和图 6-15 给出了初始条件为 $\boldsymbol{X}(0)=\left(-\dfrac{\pi}{4},0\right)^{\mathrm{T}}$ 时，并采用监督控制 u_s 的仿真结果。其中，图 6-14 给出的是状态 $x_1(t)$ 的曲线图，图 6-15 给出的是状态 $x_2(t)$ 的曲线图。图 6-16 为间接型自适应模糊控制器初始条件为 $\boldsymbol{X}(0)=\left(-\dfrac{\pi}{4},0\right)^{\mathrm{T}}$ 时，并采用监

督控制 u_s，状态 $x_1(t)$ 的曲线图。

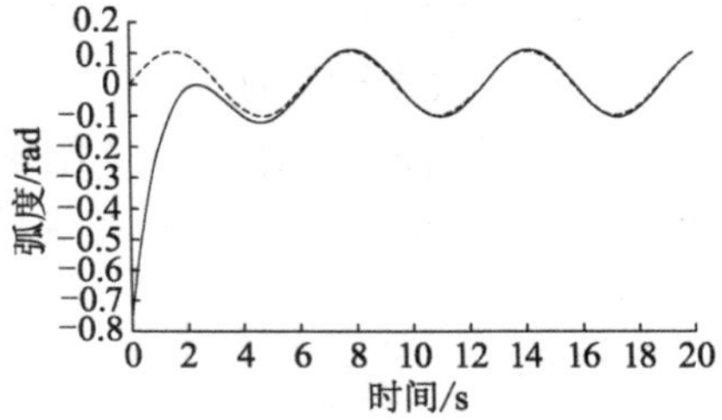

图 6-14　初始条件为 $X(0)=(-\pi/4,0)^{T}$，采用监督控制 u_s 时的状态 $x_1(t)$（实线）及其期望值 $y_m(t)=\pi/30\sin t$（虚线）的响应曲线图

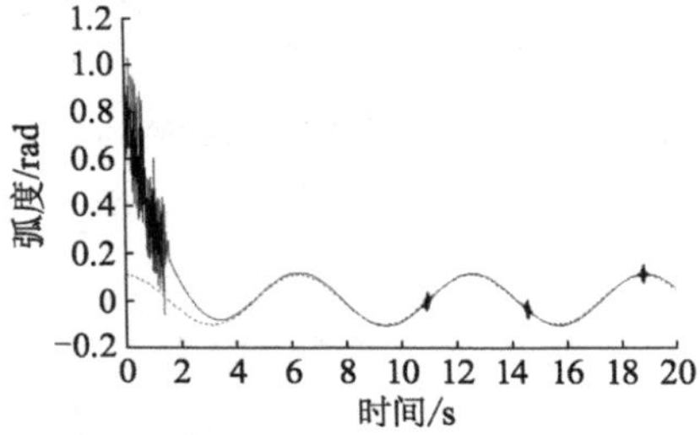

图 6-15　初始条件为 $X(0)=(-\pi/4,0)^{T}$，采用监督控制 u_s 时的状态 $x_2(t)$（实线）及其期望值 $\dot{y}_m(t)=\pi/30\cos t$（虚线）的响应曲线图

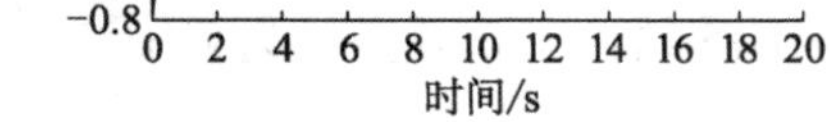

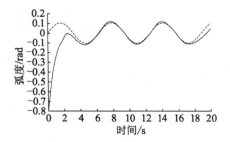

图 6-16　初始条件为 $X(0)=(-\pi/4,0)^{T}$，采用监督控制 u_s 时的状态 $x_1(t)$（实线）及其期望值 $y_m(t)=\pi/30\sin(t)$（虚线）的曲线图（间接型模糊控制器）

图 6-17 和图 6-18 给出了初始条件 $X(0)=(-\pi/4,0)^T$ 时，未加监督控制 u_s 的仿真结果。其中，图 6-17 给出的是状态 $x_1(t)$ 的曲线图，图 6-18 给出的是状态 $x_2(t)$（实线）曲线图。

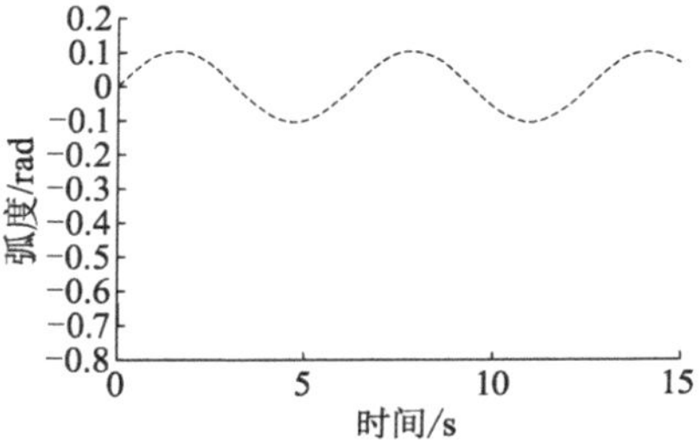

图 6-17　初始条件为 $X(0)=(-\pi/4,0)^T$，未加监督控制 u_s 时的状态 $x_1(t)$（实线）及其期望值 $y_m(t)=\pi/30\sin t$（虚线）的响应曲线图

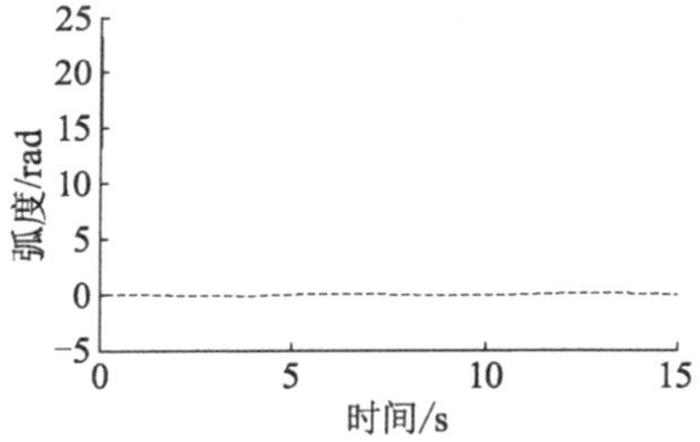

图 6-18　初始条件为 $X(0)=(-\pi/4,0)^T$，未加监督控制 u_s 时的状态 $x_2(t)$（实线）及其期望值 $\dot{y}_m(t)=\pi/30\cos t$（虚线）的响应曲线图

从上述的曲线图可得出如下结论：

（1）基于 T－S 模糊神经网络的直接型稳定自适应模糊控制器能够在没有任何语言规则的情况下，较好地控制倒立摆跟踪期望的轨迹。

（2）当杆的初始角度较大时$\left(\|X\|>\dfrac{\pi}{6}\right)$，如果不加监督控制，则系统发散；如果采用监督控制的方法，则仍然能较好地跟踪上期望信号。该结果表明，监督控制 u_s 对直接型稳定自适应控制器也是有效的，可以保证所有参数的一致有界。

(3) 当杆的初始角度较大时$\left(\|X\| > \frac{\pi}{6}\right)$,系统采用直接型自适应控制器要比采用间接型自适应控制器具有更好的跟踪效果。

6.3 小　结

本章介绍了两种自适应模糊控制器:

(1) 一种间接型稳定的自适应控制器,其特点是:① 不要求被控系统有准确的数学模型;② 控制器可以直接利用描述系统的模糊"如果-则"规则;③ 在所有信号一致有界的意义上保证最终的闭环系统具有全局稳定型。此外,本章还给出了界的数学表达式,以便使控制器的设计者能够根据自己的需要来定界。最后,将该自适应控制器用于倒立摆系统跟踪一条正弦轨迹。仿真结果表明:该控制器在没有任何语言信息的情况下,仍然能够成功地进行跟踪。

(2) 基于T-S模糊神经网络的直接型自适应模糊控制器,这类控制器具有如下特征:① 无须知道被控对象准确的数学模型。② 在所有参数一致有界的意义上,能最终保证闭环系统具有全局稳定性。最后将这类自适应控制器用于倒立摆系统跟踪一条正弦轨迹进行了仿真研究。仿真结果表明:该控制器在没有任何语言信息的情况下,仍然能够成功地进行跟踪。

由于间接型模糊自适应控制器需要两个模糊系统逼近未知函数f和g,而直接型自适应控制器只需一个模糊系统作为控制器,因此系统结构简单;而且后件系数b_{ji}和权值向量$\boldsymbol{W}$分别根据代价函数和李亚普诺夫稳定性进行在线调节,这种方法比间接型模糊自适应控制器单纯地采用李亚普诺夫稳定性调节参数能更好地跟踪正弦曲线。

第 7 章　结论与展望

模糊神经网络（FNN）将人工神经网络与模糊逻辑系统结合，具有强大的自学习和自整定功能，是智能控制理论研究领域一个十分活跃的分支。因此模糊神经网络控制器（FNC）的研究具有非常重要的意义。

本书的主要研究工作是：

（1）自适应模糊控制器在药剂温控系统中的应用研究。药剂温度控制系统具有纯时滞、大惯性、时变不确定性等特点，是工业生产中一类典型的控制对象，传统模糊控制对具有非线性、大时滞、强耦合等特性的被控对象控制效果并不理想。模糊逻辑控制器的设计核心是模糊控制规则和隶属度函数的确定，而传统的模糊逻辑控制器不具备对规则的自修正功能，因此模糊控制规则的自调整和自寻优是提高和改善模糊控制器性能的重要手段。通过构建带加权因子的自适应模糊控制器，根据误差 E 和误差的变化 CE 自动产生控制规则，利用实时修改加权因子来达到修改控制规则的目的。仿真结果表明，带加权因子的自适应模糊控制器的性能优于传统模糊逻辑控制器。

（2）神经网络 PID 控制器在药剂温控系统中的应用研究。常规的 PID 控制方法对药剂温控系统的控制效果不佳，本书尝试使用神经网络 PID 控制方法，通过 BP 算法对神经网络正模型权值进行调整，设计了神经网络辨识器对控制对象的数学模型进行辨识，降低系统输出温度的超调量、提高控制精度，加快调节过程，以此获得良好的控制效果。

（3）模糊神经网络（FNN）控制器的优化策略。针对 FNN 控制器一般存在在线调整权值计算量大、训练时间长、过度修正权值可能会导致系统剧烈振荡等缺点,本书提出了两种对 FNN 控制器进行优化的方法:① 在线自学习过程中,仅对控制性能影响大的控制规则所对应的权值进行修正,以减小计算量,加快训练速度。② 根据偏差及偏差变化率大小,基于 T－S 模糊模型动态自适应调节权值修正步长,抑制控制器输出的剧烈变化,避免系统发生剧烈振荡。

(4) 模糊神经网络滑模控制器在倒立摆中的应用。本书充分考虑了 FNN 的特点,将 FNN 和传统控制策略结合起来,设计了两种一类非线性对象的 FNN 自适应控制器:基于模糊基函数网络的间接型自适应控制器和基于 T－S 模糊模型神经网络的直接自适应控制器。本书首先用 FNN 完成对控制系统未知结构或参数的逼近,然后用传统的控制器设计方法进行系统设计,使系统满足一定的性能指标(例如稳定性),并且在系统设计过程中给出 FNN 参数的学习律,在线完成网络参数的调整。

虽然 FNN 理论在复杂系统的控制、辨识等应用方面取得了大量研究和应用成果,但是它在实际应用中仍然存在许多有待解决的问题:

(1) 如何从理论上分析 FNN 结构和参数的有效性? 目前 FNN 的结构设计、参数的确定带有很大的主观性,用坚实的理论基础来指导 FNN 的设计是今后一个重要的研究方向。

(2) 进一步提高 FNN 利用语言信息的能力和自学习的效率。传统的 BP 算法学习周期比较长,这就限制了 FNN 的应用。改进学习算法,提高 FNC 的实时性一直是人们关注并希望解决的问题。

(3) 如何优化 FNN 结构是一个亟待解决的问题。网络结构直接关系到 FNN 的逼近能力和泛化能力,二者之间存在较为复杂的关系。目前,针对网络如何分层、各层节点输入和确定等问题,仍没有理论指导。

(4) 目前,FNN 的目标函数大多是均方差误差函数,进一步研究适合 FNN 结构特点的目标函数,提高 FNN 的自整定能力,也是人们关注的问题。

(5) 如何将 FNN 与线性系统理论有效结合，解决复杂系统（例如大滞后系统等）的控制问题，仍然是目前 FNN 研究者的重要课题。

另外，由于实验条件和时间所限，目前仅限于理论分析和计算机仿真研究，理论研究成果需要在今后的实际控制系统中得到验证和进一步改进。

参考文献

[1] 王建辉,顾树生.自动控制原理[M].北京:冶金工业出版社,2001.

[2] 王立新.自适应模糊系统与控制 - 设计与稳定性分析[M].北京:国防工业出版社,1995.

[3] Jin L, Nikiforuk P N, Gnpta M M. Adaptive tracking of SISO nonlinear systems using multi - layered neural networks [J]. IEEE Trans. on Neural Networks, 1990, 1(1):4 - 27.

[4] Zadeh L A. Fuzzy Set [J]. Information and Control, 1965, 8(3):338 - 358.

[5] 张化光.复杂系统的模糊辨识与模糊自适应控制[M].沈阳:东北大学出版社,1993.

[6] Procyk T J, Mamdani E H. A linguistic self - organizing processes controller [J]. Automatica, 1979, 15(1):15 - 30.

[7] Chung B M, Oh J H. Auto-tuning method of membership function in a fuzzy learning controller [J]. Journal of Intelligent and Fuzzy Systems, 1994, 1(4):335 - 349.

[8] Wang L X. Stable adaptive fuzzy control of nonlinear Systems [J]. IEEE Trans. Fuzzy Syst., 1993, 1(2):146 - 155.

[9] Zhang Y Q, Kandel A. Compensatory neurofuzzy systems with fast learning algorithms [J]. IEEE Trans. on Neural Networks, 1998, 9(1):83 - 105.

[10] Zhang J, Morris A J. Recurrent Neuro - Fuzzy Networks for Nonlinear Process Modeling [J]. IEEE Trans. on Neural Net-

works,1999,10(2):313 -326.

[11] Lee K M, Lwak D H, Kwang H L. Fuzzy inference neural network for fuzzy model tuning[J]. IEEE Trans. on Systems, Man & Cybernetics - Part B: Cybernetics,1996,26(4):637 -645.

[12] 鲍鸿,黄心汉,李锡雄.广义模糊推理与广义模糊 RBF 神经网络[J].控制与决策,2000,15(2):205 -208.

[13] 张昊,吴捷,郁滨.应用模糊神经网络进行负荷预测的研究[J].自动化学报,1999,25(1):60 -67.

[14] 孙增圻,张再兴,邓志东.智能控制理论与技术[M].北京:清华大学出版社,1997:170 -180.

[15] Jang S R. ANFIS: Adaptive - network - based fuzzy inference system [J]. IEEE Trans. on Systems, Man & Cybernetics, 1993,23(3):665 -685.

[16] Wang L X, Mendel J M. Fuzzy basis functions, universal approximation and orthogonal least squares learning [J]. IEEE Trans. on Neural Networks,1992,3(5):807 -814.

[17] 李少远,席裕庚,陈增强,等.智能控制的新进展[J].控制与决策,2000,15(1):1 -6.

[18] Broomhead D S, Lowe D. Multivariable functional interpolat-ion and adaptive networks [J]. Complex System,1988,2(4):321 - 355.

[19] 阎平凡,张常水.人工神经网络与模拟进化计算[M].北京:清华大学出版社,2000.

[20] 李人厚.智能控制理论和方法[M].西安:西安电子科技大学出版社,1999.

[21] 张立明.人工神经网络的模型及其应用[M].北京:北京航空航天大学出版社,1993.

[22] 陈燕庆.人工神经元网络在控制工程中的应用[M].西安:西北工业大学出版社,1991.

[23] Chao C T, Chen Y J, Teng C C. Simplification of fuzzy-neural

system using similarity analysis [J]. IEEE Trans. on Systems, Man & Cybernetics - Part B: Cybernetics, 1996, 26 (3): 344 - 354.

[24] 周志坚,毛宗源. 一种最优模糊神经网络控制器[J]. 控制与决策,2000,15(3):358 - 361.

[25] 王震雷,顾树生. 基于实值遗传算法的模糊神经网络辨识器[J]. 东北大学学报(自然科学版),2000,21(4):354 - 356.

[26] Cao S G, Rees N W. Analysis and design for a class of complex control systems Part I: Fuzzy modeling and identification [J]. Automatica, 1997, 33(11):1017 - 1028.

[27] Takagi T, Sugeno M. A robust stabilization problem of fuzzy control systems and its application to backing up control of truck - trailer [J]. IEEE Trans. on Fuzzy Sets, 1994, 2 (2): 119 - 133.

[28] 李少远,王群仙,李焕芝,等. Sugeno 模糊模型的辨识与控制[J]. 自动化学报,1999,24(4):488 - 492.

[29] Sugeno M, Yasukawa T. A fuzzy logical based approach to qualitative modeling [J]. IEEE Trans. on Fuzzy Sets, 1993, 1(1): 7 - 25.

[30] Liu K, Lewis F L. Some issues about fuzzy logical control [C]// Decision and Control, 1993. Proceedings of the 32nd IEEE Conference on, 1993:1743 - 1748.

[31] Decarlo R A. Multivariable nyquist theory [J]. International Journal on Control, 1977, 25(3):234 - 245.

[32] 李士勇. 模糊控制 · 神经网络和智能控制论[M]. 哈尔滨:哈尔滨工业大学出版社,1996.

[33] 王耀南. 智能控制系统[M]. 长沙:湖南大学出版社,1996.

[34] 诸静,等. 模糊控制原理与应用[M]. 北京:机械工业出版社,1995.

[35] 张文修,梁广锡. 模糊控制与系统[M]. 西安:西安交通大学

出版社,1998.
[36] 张化光,孟祥萍. 智能控制基础理论及应用[M]. 北京:机械工业出版社,2005.
[37] 韦巍. 智能控制技术的研究现状和展望[J]. 机电工程,2000,17(6):1-4.
[38] 章卫国,杨向忠. 模糊控制理论与应用[M]. 西安:西北工业大学出版社,1999.
[39] 何平,王鸿绪. 模糊控制器的设计与应用[M]. 北京:科学出版社,1997.
[40] 冯东青,谢宋和. 模糊智能控制[M]. 北京:化学工业出版社,1995.
[41] 应浩. 关于模糊控制理论与应用的若干问题[J]. 自动化学报,2001,27(4):591-592.
[42] 窦振中. 模糊逻辑控制技术及其应用[M]. 北京:北京航空航天大学出版社,1995.
[43] Kiszka J B, Kochanska M E, Sliwiñska D S. The influence of some parameters on the accuracy of fuzzy model [M]//Sugeno M. Industrial Applications of Fuzzy Control, Amsterdam, North-Holland, 1985.
[44] Tang K L, Mulholland R J. Comparing fuzzy logic with classical controller designs[J]. IEEE Trans. Sys. Man cybern., 1987, 17(6):1085-1087.
[45] 高峰,卢尚琼,于芹芬. 一类非线性系统的神经网络控制器建模方法及其仿真研究[J]. 计算机仿真,2002,19(1):17-19.
[46] 丛爽. 神经网络、模糊系统及其在运动控制中的应用[M]. 合肥:中国科学技术大学出版社,2001.
[47] 邱东强,涂亚庆. 神经网络控制的现状与展望[J]. 自动化与仪器仪表,2001(5):1-6.
[48] 郭嗣宗,陈刚. 信息科学中的软件计算法[M]. 沈阳:东北大

学出版社,2001.
[49] 刘宝坤,石红瑞,王慧,等.基于遗传算法的神经网络自适应控制器的研究[J].信息与控制,1997,26(4):311-314.
[50] 王树青.先进控制技术及应用[M].北京:化学工业出版社,2001.
[51] 徐湘元,毛宗源.过程控制的发展方向——智能控制[J].化工自动化及仪表,1998,25(2):1-5.
[52] 戴锅生.传热学[M].北京:高等教育出版社,1999.
[53] Visioli A. Tuning of PID controllers with fuzzy logic[J]. IEE proceedings: Control Theory & Application,2001,148(1):1-8.
[54] 刘国荣,阳宪惠.模糊自适应 PID 控制器[J].控制与决策,1995,10(6):558-562.
[55] 陶永华,尹怡欣,葛芦生.新型 PID 控制及其应用[M].北京:机械工业出版社,1999.
[56] 张恩勤,施颂椒,翁正新.一类基于 PID 控制的新型模糊控制方法[J].上海交通大学学报,2000,34(5):630-634.
[57] George K I M, Bao-Gang Hu. Two-level tuning of fuzzy PID controllers[J]. IEEE Trans on Systems, Man & Cybernetics Part B: Cybernetics, Apr. 2001: 263-269.
[58] Mayne D Q, Michalska H. Receding horizon control of nonlinear systems[J]. IEEE Trans. Automat. Contr.,1990,35(7):814-824.
[59] 王永骥,涂健.神经元网络控制[M].北京:机械工业出版社,1998.
[60] 楼顺天,施阳.基于 MATLAB 的系统分析与设计——神经网络[M].西安:西安电子科技大学出版社,1998.
[61] Blais A, Mertz D. An introduction to neural networks[M]. MIT Press,1995.
[62] Lightbody G, Irwin G W. Direct neural model reference adaptive control[J]. IEE Proc. Control Theory Applications,1995,142(1):31-43.

[63] Chen J, Wang S Q, Wang N, et al. Application of neuron intelligent control in synchroization of hydraulic turbing generators[C]. Proc. IEEE Int. Conf. NNSP, Nanjing, China, 1995:546 - 549.
[64] 胡寿松. 自动控制原理[M]. 北京:科学出版社,2005.
[65] 都延丽. 智能控制在一类过程中的应用研究[D]. 西安理工大学,2003.
[66] 李敏远,都延丽,姜海鹏. 药剂温度控制系统的智能 PID 控制方法与实现[J]. 西安理工大学学报,2002,18(4),341 - 345.
[67] 易继. 智能控制技术[M]. 北京:北京工业大学出版,2004.
[68] Mamdani E H. Application of fuzzy algorithms for control of simple dynamic plant[J]. Proc. IEE, 1974(121):1585 - 158
[69] Wang F Y. A Coordination theory for intelligent machines[M]. Troy: Rensselaer Polytechnic Institute, 1990.
[70] Isidori A. Nonlinear Control System[M]. Berlin: Springer - Verlag, 1989.
[71] Kiszka J, Gupta M, Niliforuk P. Energetistic stability of fuzzy dynamic systems[J]. IEEE Trans. System, Man & Cybern, 1985, SMC - 15(5):783 - 792.
[72] Sastry S, Bodson M. Adptive control: Stability, convergence and robustness [M]. Englewood Cliffs, NJ: Prentic-Hall Inc., 1989.
[73] Slotine J E, Li W. Applied Nonlinear Control[M]. Englewood Cliffs, NJ: Prentice-Hall, Inc., 1991.
[74] Chen C T, Peng S T. Intelligent process control using neural fuzzy techniques[J]. Journal of Process Control, 1999(9): 493 - 503.
[75] Takagi T, Sugeno M. Fuzzy identification of systems and its applications to modeling and control[J]. IEEE Tran. on Systems, Man & Cybernetic, 1985, SMC - 15(1):116 - 132.
[76] Essounbonli N, Hamzaoui A, Zayton J. A supervisory Robust

adaptive fuzzy controller[C]. Copyright@ 2002 IFAC 15th Triennial World Congress, Barcelona, Spain.

[77] 孙维,王伟. 基于 T-S 模糊模型的非线性系统多模型直接自适应控制[J]. 控制与决策,2003,18(2):177-180.

[78] 张良杰,李衍达. 智能控制的模糊神经网络技术的研究和前景展望[J]. 电子学报,1995(8):65-70.

[79] Lapedes A, Farber R. Nonlinear signal processing using neural networks: Prediction and system modeling[C]. Los Alamos Nafonal Laboratory: Technical Report LA-UR-87-2662,1987.

[80] Luenberger D G. Linear and nonlinear programming[M]. Massachusetts: Addison-Wesley Publishing Company. Inc. ,1984.

[81] 张恩勤,施颂椒,高卫华,等. 模糊控制系统近年来的研究和发展[J]. 控制理论与应用,2001,18(1):7-1.

附　录

定理6.6的证明过程。

1.（1）证明

$$\|\boldsymbol{\theta}_f(t)\| \leqslant M_f$$

设能量函数 $V_f=\dfrac{1}{2}\boldsymbol{\theta}_f^{\mathrm{T}}\boldsymbol{\theta}_f=\dfrac{1}{2}\|\boldsymbol{\theta}_f\|^2$，则

$$\dot{V}_f=\frac{1}{2}(\dot{\boldsymbol{\theta}}_f^{\mathrm{T}}\boldsymbol{\theta}_f+\boldsymbol{\theta}_f^{\mathrm{T}}\dot{\boldsymbol{\theta}}_f)$$

由于 $\boldsymbol{\theta}_f^{\mathrm{T}}\dot{\boldsymbol{\theta}}_f$ 是标量，所以

$$(\dot{\boldsymbol{\theta}}_f^{\mathrm{T}}\boldsymbol{\theta}_f)^{\mathrm{T}}=\dot{\boldsymbol{\theta}}_f^{\mathrm{T}}\boldsymbol{\theta}_f$$

即 $\dot{\boldsymbol{\theta}}_f^{\mathrm{T}}\boldsymbol{\theta}_f=\boldsymbol{\theta}_f^{\mathrm{T}}\dot{\boldsymbol{\theta}}_f$，所以 $\dot{V}_f=\boldsymbol{\theta}_f^{\mathrm{T}}\dot{\boldsymbol{\theta}}_f$。

若 $\dot{\boldsymbol{\theta}}_f=-\gamma_1\boldsymbol{E}^{\mathrm{T}}\boldsymbol{P}\boldsymbol{b}_c\xi(\boldsymbol{X})$，则

$$\dot{V}_f=-\gamma_1\boldsymbol{E}^{\mathrm{T}}\boldsymbol{P}\boldsymbol{b}_c\boldsymbol{\theta}_f^{\mathrm{T}}\xi(\boldsymbol{X})$$

γ_1 为正常数。

当 $\boldsymbol{E}^{\mathrm{T}}\boldsymbol{P}\boldsymbol{b}_c\boldsymbol{\theta}_f^{\mathrm{T}}\xi(\boldsymbol{X})\geqslant 0$ 时，$\dot{V}_f\leqslant 0$，$V_f=\dfrac{1}{2}\|\boldsymbol{\theta}_f\|^2$ 减小或不变。此时，若 $\|\boldsymbol{\theta}_f\|=M_f$，则 $\|\boldsymbol{\theta}_f\|$ 减少或不变。若前一时刻 $\|\boldsymbol{\theta}_f\|<M_f$，则 $\dot{V}_f$ 可为正，也可为负，与 $\boldsymbol{E}^{\mathrm{T}}\boldsymbol{P}\boldsymbol{b}_c\boldsymbol{\theta}_f^{\mathrm{T}}\xi(\boldsymbol{X})$ 符号无关，自适应律一律取

$$\dot{\boldsymbol{\theta}}_f=-\gamma_1\boldsymbol{E}^{\mathrm{T}}\boldsymbol{P}\boldsymbol{b}_c\xi(\boldsymbol{X})$$

当 $\boldsymbol{E}^{\mathrm{T}}\boldsymbol{P}\boldsymbol{b}_c\boldsymbol{\theta}_f^{\mathrm{T}}\xi(\boldsymbol{X})<0$ 时，$\dot{V}_f>0$，则 $V_f=\dfrac{1}{2}\|\boldsymbol{\theta}_f\|^2$ 增大。如此时 $\|\boldsymbol{\theta}_f\|=M_f$，则下一时刻 $\|\boldsymbol{\theta}_f\|>M_f$，这样自适应律 $\dot{\boldsymbol{\theta}}_f=$

$-\gamma_1\boldsymbol{E}^{\mathrm{T}}\boldsymbol{P}\boldsymbol{b}_c\xi(\boldsymbol{X})$不适用。所以采用投影算法得

$$\dot{\boldsymbol{\theta}}_f=-\gamma_1\boldsymbol{E}^{\mathrm{T}}\boldsymbol{P}\boldsymbol{b}_c\xi(\boldsymbol{X})+\gamma_1\boldsymbol{E}^{\mathrm{T}}\boldsymbol{P}\boldsymbol{b}_c\frac{\boldsymbol{\theta}_f\boldsymbol{\theta}_f^{\mathrm{T}}\xi(\boldsymbol{X})}{\|\boldsymbol{\theta}_f\|^2},$$

此时

$$\begin{aligned}\dot{V}_f&=-\gamma_1\boldsymbol{E}^{\mathrm{T}}\boldsymbol{P}\boldsymbol{b}_c\boldsymbol{\theta}_f^{\mathrm{T}}\xi(\boldsymbol{X})+\gamma_1\boldsymbol{E}^{\mathrm{T}}\boldsymbol{P}\boldsymbol{b}_c\frac{\boldsymbol{\theta}_f\boldsymbol{\theta}_f^{\mathrm{T}}\xi(\boldsymbol{X})}{\|\boldsymbol{\theta}_f\|^2}\\&=-\gamma_1\boldsymbol{E}^{\mathrm{T}}\boldsymbol{P}\boldsymbol{b}_c\boldsymbol{\theta}_f^{T}\xi(\boldsymbol{X})+\gamma_1\boldsymbol{E}^{\mathrm{T}}\boldsymbol{P}\boldsymbol{b}_c\frac{\|\boldsymbol{\theta}_f\|^2\boldsymbol{\theta}_f^{T}\xi(\boldsymbol{X})}{\|\boldsymbol{\theta}_f\|^2}=0。\end{aligned}$$

这样，$\|\boldsymbol{\theta}_f\|=M_f$维持不变。

(2) 同理，可证得

$$\|\boldsymbol{\theta}_g(t)\|\leqslant M_g$$

(3) 从式(6-42)也可看出，若$\theta_{gi}=\varepsilon$，则当$\boldsymbol{E}^{\mathrm{T}}\boldsymbol{P}\boldsymbol{b}_c\boldsymbol{\theta}_g^{\mathrm{T}}\xi_i(\boldsymbol{X})u_c<0$时，$\dot{\theta}_{gi}>0$所以有$\theta_{gi}\geqslant\varepsilon$，即$\boldsymbol{\theta}_g$中所有元素均大于等于$\varepsilon$。

(4) 证明$\|\boldsymbol{X}(t)\|\leqslant\|\boldsymbol{Y}_m\|+\left(\dfrac{2\bar{V}}{\lambda_{\min}}\right)^{\frac{1}{2}}$

在6.1节已证得$V_e\leqslant\bar{V}$，$V_e=\dfrac{1}{2}\boldsymbol{E}^{\mathrm{T}}\boldsymbol{P}\boldsymbol{E}\geqslant\dfrac{1}{2}\boldsymbol{E}^{\mathrm{T}}\mathrm{diag}\boldsymbol{P}\boldsymbol{E}$，设

$$\mathrm{diag}\boldsymbol{P}=\begin{bmatrix}\lambda_1&&\\&\ddots&\\&&\lambda_n\end{bmatrix}$$

则

$$\boldsymbol{E}^{\mathrm{T}}\begin{bmatrix}\lambda_1&&\\&\ddots&\\&&\lambda_n\end{bmatrix}\boldsymbol{E}=(e,\cdots,e^{(n-1)})\begin{bmatrix}\lambda_1&&\\&\ddots&\\&&\lambda_n\end{bmatrix}\begin{bmatrix}e\\\vdots\\e^{(n-1)}\end{bmatrix}$$

$$=e^2\lambda_1+\cdots+(e^{(n-1)})^2\lambda_{\min}=\lambda_{\min}|\boldsymbol{E}|^2$$

所以

$$\frac{1}{2}\lambda_{\min}|\boldsymbol{E}|^2\leqslant\frac{1}{2}\boldsymbol{E}^{\mathrm{T}}\boldsymbol{P}\boldsymbol{E}\leqslant\bar{V}$$

因此，$|\boldsymbol{E}|\leqslant\left(\dfrac{2\bar{V}}{\lambda_{\min}}\right)^{\frac{1}{2}}$

因为$\boldsymbol{E}=\boldsymbol{Y}_m-\boldsymbol{X}$，即$\boldsymbol{X}=\boldsymbol{Y}_m-\boldsymbol{E}$，所以

$$\| X \| \leqslant \| Y_m \| + \| E \| \leqslant \| Y_m \| + \left(\frac{2\bar{V}}{\lambda_{\min}}\right)^{\frac{1}{2}}$$

得证。

(5) 因为 $\hat{f}$ 和 $\hat{g}$ 的值取决于 $\boldsymbol{\theta}_f$ 和 $\boldsymbol{\theta}_g$($\xi(\boldsymbol{X})$不变),$\hat{f}=\boldsymbol{\theta}_f^{\mathrm{T}}\xi(\boldsymbol{X})$,$\hat{g}=\boldsymbol{\theta}_g^{\mathrm{T}}\xi(\boldsymbol{X})$,又因为 $\xi(\boldsymbol{X})\leqslant 1$,所以 $|\hat{f}|\leqslant|\theta_f|\leqslant M_f$,且 $|\hat{g}(\boldsymbol{X}|\theta_g)|\geqslant\varepsilon$($\theta_g$中每一项都大于等于 ε).

从式(6-11)有

$$|u_c| \leqslant \frac{1}{\varepsilon}\left[M_f + |y_m^{(n)}| + |K|\left(\frac{2\bar{V}}{\lambda_{\min}}\right)^{\frac{1}{2}}\right] \tag{A-1}$$

从式(6-19)有

$$|u_s| \leqslant \frac{1}{g_L(X)}[M_f + |f^U| + (M_g + |g^U|)|u_c|] \tag{A-2}$$

式(A-1)与(A-2)相加可得

$$|u(t)| \leqslant \frac{1}{\varepsilon}\left[\boldsymbol{M}_f + |Y_m| + |K|\left(\frac{2\bar{V}}{\lambda_{\min}}\right)^{\frac{1}{2}}\right] + \frac{1}{g_L}\left\{M_f + |f^U(\boldsymbol{X})| + \right.$$

$$\left.\frac{1}{\varepsilon}(M_g + g^U)\times\left[M_f + |y_m^{(n)}| + |K|\left(\frac{2\bar{V}}{\lambda_{\min}}\right)^{\frac{1}{2}}\right]\right\}$$

2. 证明 $\int_0^t \| E(\tau) \|^2 \mathrm{d}\tau \leqslant a + b\int_0^t | W(\tau) |^2 \mathrm{d}\tau$

从式(6-29)和式(6-40)~式(6-45)可得

$$\dot{V} = -\frac{1}{2}\boldsymbol{E}^T\boldsymbol{Q}\boldsymbol{E} - g(\boldsymbol{X})\boldsymbol{E}^T\boldsymbol{P}\boldsymbol{b}_c u_s + \boldsymbol{E}^T\boldsymbol{P}\boldsymbol{b}_c w +$$

$$I_1\boldsymbol{E}^T\boldsymbol{P}\boldsymbol{b}_c\frac{\boldsymbol{\Phi}_f^{\mathrm{T}}\boldsymbol{\theta}_f\boldsymbol{\theta}_f^T\xi(\boldsymbol{X})}{\|\boldsymbol{\theta}_f\|^2} + I_2\boldsymbol{E}^T\boldsymbol{P}\boldsymbol{b}_c\frac{\boldsymbol{\theta}_{g+}^T\boldsymbol{\theta}_{g+}\boldsymbol{\theta}_{g+}\xi_+(\boldsymbol{X})u_c}{\|\boldsymbol{\theta}_{g+}\|^2} +$$

$$I_3\boldsymbol{\Phi}_{g\varepsilon}^T\boldsymbol{E}^T\boldsymbol{P}\boldsymbol{b}_c\xi_{\varepsilon}(\boldsymbol{X})u_c \tag{A-3}$$

式中,当式(6-41)的第一行(第二行)成立时,有 $I_1=0(1)$,当式(6-44)的第一行(第二行)成立时,有 $I_2=0(1)$,当式(6-45)第一行(第二行)成立时,有 $I_3=0(1)$;θ_{g+}表示向量 $\boldsymbol{\theta}_g$ 中大于 ε 的所有元素集合,$\theta_{g\varepsilon}$表示 $\boldsymbol{\theta}_g$ 中所有等于 ε 的元素集合。

$\boldsymbol{\Phi}_{g\varepsilon}=\theta_{g\varepsilon}-\theta_{g\xi}^*$,$\xi_+(\boldsymbol{X})$($\xi_{\varepsilon(X)}$)是对应于 θ_{g+}($\theta_{g\varepsilon}$)的向量 $\xi(\boldsymbol{X})$

中的元素的总和。现在要证明(A-3)式最后三项是非正定的。

如果 $I_1=0$,其结论并无重要意义,而对 $I_1=1$,此时 $\|\boldsymbol{\theta}_f\|=M_f$,并且

$$\boldsymbol{E}^{\mathrm{T}}\boldsymbol{P}\boldsymbol{b}_c\boldsymbol{\theta}_f^{\mathrm{T}}\xi(\boldsymbol{X})<0,$$

由于 $\|\boldsymbol{\theta}_f\|=M_f\geqslant\|\boldsymbol{\theta}_f^*\|$,可得

$$\boldsymbol{\Phi}_f^{\mathrm{T}}\boldsymbol{\theta}_f=(\boldsymbol{\theta}_f-\boldsymbol{\theta}_f^{*\mathrm{T}})=\frac{1}{2}(\|\boldsymbol{\theta}_f\|-\|\boldsymbol{\theta}_f^*\|^2+\|\boldsymbol{\theta}_f-\boldsymbol{\theta}_f^*\|^2)\geqslant 0$$

因此 I_1 是非正的。类似地,同样可以证明 I_2 是非正的。最后根据式(6-42)有

$$\boldsymbol{\Phi}_{gi}=\boldsymbol{\theta}_{gi}-\boldsymbol{\theta}_{gi}^*=\boldsymbol{\varepsilon}-\boldsymbol{\theta}_{gi}^*\leqslant 0,$$

I_3 也是非正的。因此得到

$$\dot{V}\leqslant-\frac{1}{2}\boldsymbol{E}^{\mathrm{T}}\boldsymbol{Q}\boldsymbol{E}-g(\boldsymbol{X})\boldsymbol{E}^{\mathrm{T}}\boldsymbol{P}\boldsymbol{b}_cu_s+\boldsymbol{E}^{\mathrm{T}}\boldsymbol{P}\boldsymbol{b}_cw \tag{A-4}$$

由式(6-19)和 $g(\boldsymbol{X})>0$ 可得 $g(\boldsymbol{X})\boldsymbol{E}^{\mathrm{T}}\boldsymbol{P}\boldsymbol{b}_cu_s\geqslant 0$,因此式(A-4)可进一步简化为

$$\begin{aligned}\dot{V}&\leqslant-\frac{1}{2}\boldsymbol{E}^{\mathrm{T}}\boldsymbol{Q}\boldsymbol{E}+\boldsymbol{E}^{\mathrm{T}}\boldsymbol{P}\boldsymbol{b}_cw\\&\leqslant-\frac{\lambda_{Q\min}}{2}|\boldsymbol{E}|^2-\frac{1}{2}[|\boldsymbol{E}|^2-2\boldsymbol{E}^{\mathrm{T}}\boldsymbol{P}\boldsymbol{b}_cw+|\boldsymbol{P}\boldsymbol{b}_cw|^2]\\&\leqslant-\frac{\lambda_{Q\min}-1}{2}|E|^2+\frac{1}{2}|\boldsymbol{P}\boldsymbol{b}_cw|^2\end{aligned} \tag{A-5}$$

式中,$\lambda_{Q\min}$ 为 $\boldsymbol{Q}$ 的最小特征值。将式(A-5)的左右两边均取积分,且假设 $\lambda_{Q\min}>1$(因为 $\boldsymbol{Q}$ 是由设计者决定的,故可选择这样一个满足要求的;$\boldsymbol{Q}$)可得:

$$\begin{aligned}\int_0^t|E(\tau)|^2\mathrm{d}\tau\leqslant&\frac{2}{\lambda_{Q\min}-1}[|V(0)|+|V(t)|]+\\&\frac{1}{\lambda_{Q\min}-1}|\boldsymbol{P}\boldsymbol{b}_c|^2\int_0^t|w(\tau)|^2\mathrm{d}\tau\end{aligned} \tag{A-6}$$

定义

$$a=\frac{2}{\lambda_{Q\min}-1}[|V(0)|+\sup_{t\geqslant 0}|V(t)|],\ b=\frac{1}{\lambda_{Q\min}-1}|\boldsymbol{P}\boldsymbol{b}_c|^2$$

则式(A-6)就变成式(6-48)(注:因为 E,Φ_f 和 Φ_g 均有界,故 $\sup_{t\geqslant 0}|V(t)|$]有限)。

3. $w\in L_2$,则根据式(6-48)可得 $E\in L_2$。因为已经证明了式(6-26)右边的所有变量均有界,故可得 $\dot{E}\in L_\infty$,在采用 Barbalat 定理(即如果 $E\in L_2\cap L_\infty$,且 $\dot{E}\in L_\infty$,则平方可积,$\lim_{t\to\infty}|e(t)|=0$。

证毕。

定理6.7 的证明方法与定理6.6 类似。